AT THE EDGE OF TIME

EXPLORING THE MYSTERIES OF OUR UNIVERSE'S FIRST SECONDS

时间的边缘

[美]丹·胡珀（Dan Hooper）著　柏江竹　译

中信出版集团｜北京

图书在版编目（CIP）数据

时间的边缘/（美）丹·胡珀著；柏江竹译．--北京：中信出版社，2021.1

书名原文：At the Edge of Time

ISBN 978-7-5217-2521-6

Ⅰ.①时… Ⅱ.①丹… ②柏… Ⅲ.①宇宙－起源－普及读物 Ⅳ.①P159.3-49

中国版本图书馆CIP数据核字（2020）第243597号

时间的边缘

著　者：［美］丹·胡珀

译　者：柏江竹

出版发行：中信出版集团股份有限公司

　　　　　（北京市朝阳区惠新东街甲4号富盛大厦2座　邮编　100029）

承 印 者：北京楠萍印刷有限公司

开　本：880mm×1230mm　1/32　　印　张：8　　字　数：150千字

版　次：2021年1月第1版　　　　　印　次：2021年1月第1次印刷

京权图字：01-2020-1043

书　号：ISBN 978-7-5217-2521-6

定　价：49.00元

致谢里尔

目 录

距大爆炸时间	事件/温度	密度

今天

约2.7 K

138亿年 — 暗能量时期开始

约3.7 K — 约9×10⁻³⁰ g/cm³

太阳系形成

98亿年 — 约3.8 K — 约1.3×10⁻²⁶ g/cm³

第一批恒星诞生（宇宙的黎明）

92亿年 — 约50 K — 约1.4×10⁻²⁶ g/cm³

第一批原子形成（宇宙微波背景的来源）

约2亿年 — 3 000 K — 约10⁻²⁶ g/cm³

暗物质时期开始

约38万年 — 约10 000 K — 约3×10⁻²¹ g/cm³

第一批原子核形成（大爆炸核合成）

约5万年 — 约2×10⁹～约5×10⁸ K — 约10⁻¹⁹ g/cm³

第一批质子、中子形成（QCD相变）

约1～20分钟 — 约10¹³～约10¹² K — 约500～约1 g/cm³

夸克-胶子等离子体

约10⁻⁶～约10⁻⁴秒 — 约10²⁶～约10¹³ K — 约10¹⁸～约10¹⁴ g/cm³

再热时期

约10⁻³²～约10⁻⁶秒

暴胀时期（??）

约10⁻³²秒

大统一时期（???）

约10⁻⁴³～约10⁻³⁵秒 — 约10³²～约10²⁸ K — 约10⁷¹～约10¹⁸ g/cm³

量子引力时期（???）
约10³² K

约10⁻⁴³秒 — 约10⁹⁵～约10⁷⁹ g/cm³ — 约10⁹⁵ g/cm³

通过回旋加速器

和大型强子对撞机研究

物质与反物质间不对称性建立

暗物质的起源

在时间的边缘

大自然为我们呈现的只是九牛之一毛，沧海之一粟。但即使我们无法窥得它的全貌，我也坚信这个全貌是存在的。

——阿尔伯特·爱因斯坦

我们的宇宙大约诞生于138亿年前，那时发生的几乎所有事情对于现在的我们来说仍是未解之谜。我们不知道彼时的物质以何种形式存在，也不知道它们遵循怎样的物理规律。唯一可以确定的是，新生的宇宙与当今世界上的任何事物都几乎没有共同之处。

仅仅在很短的一瞬间（约10^{-43}秒左右）之后，引力就开始表现出我们今天所熟悉的性质，而其他的几种基本力（电磁力、弱力和强力）在当时仍然与现在所看到的大不相同。

　　之后发生的事情完全超出了我们的想象。从宇宙大爆炸之后的 10^{-32} 秒左右开始,我们的宇宙开始以比之前更快(不只是快了一点点,是快了很多很多)的速率膨胀。这个阶段的膨胀速率实在太快,几乎就在一瞬间,我们的宇宙发生了彻底的改变。在这个被称为宇宙暴胀的时期,宇宙的体积在短短 10^{-32} 秒的时间里增长了 10^{75} 倍。在这一膨胀过程中,所有物质以远超光速的速率彼此远离。当暴胀结束时,每一个粒子都成为独立的个体,其周围是一大片向四面八方延展开来的广阔的真空。紧接着——仅仅是很短很短的时间之后——整个宇宙空间中又再次充满了物质和能量。我们的宇宙重获新生,迎来了新的开始。

　　在万亿分之一秒之后,已知的4种基本力诞生了,并且其性质与今天我们所观察到的极为相似。尽管在这一时期,我们宇宙的温度和密度都在急剧下降,但仍然是高得让人难以想象——宇宙空间中的温度大约是 10^{15} 摄氏度。像希格斯玻色子以及顶夸克这样的奇异粒子与电子和光子一样普遍存在,宇宙中的每一个角落都充满了由夸克和胶子构成的稠密等离子体以及多种其他形式的物质和能量。

　　在宇宙的膨胀又进行了百万分之一秒之后,我们的宇宙冷却到足以让夸克和胶子结合在一起,第一批质子和中子就此诞生。在随后的几分钟内,许多质子和中子聚合到一起,形成了第一批原子核。在这一时期，我们的整个宇宙就像是一颗现代恒星的核心，不过这种情况也没有持续太久。随着宇宙空间的进一步扩张，温度也在持续地下降，这导致宇宙每分钟都在发生着剧烈的变化，但后来就减缓到每小时，乃至每一天。几十万年后，我们的宇宙冷却到只有几千摄氏度。大约就在这个时间段，电子开始与原子核结合，形成了第一批完整的原子。

在引力的影响下，物质团块开始缓慢而平稳地坍缩，这促成了恒星和星系的诞生。根据我们的估算，第一批恒星大约出现在大爆炸之后2亿年，这些早期的恒星比我们今天看到的恒星要大得多，寿命也短得多。直到现在，我们的望远镜才勉强能够捕捉到这些新生恒星的图像。我们的太阳以及太阳系大约诞生于大爆炸后92亿年，在整个宇宙中算是晚辈了。今天，已经138亿岁的宇宙仍然在继续膨胀、冷却并演化。一路走来，宇宙经历了多个时期的岁月洗礼，有着一段波澜壮阔的过去。在遥远的将来，它也必将迎来全新的时代，发生许多我们能够预见或是难以预料的变化，让我们拭目以待。

如果你看过关于宇宙大爆炸的纪录片，或是听过相关的讲座、读过相关的书籍，那么你很有可能见过与前面那张图相似的时间轴。我们有充分的理由相信，这一时间轴中所描述的大部分事件和时期都确实存在过。我们已经直接观测到了恒星和星系的形成，也已经非常精准地测量了伴随着第一批原子形成释放出的光。我们还确定了我们的宇宙在过去的几十亿年中膨胀的速率，也确定了在大爆炸的高温中形成的各种元素的丰度。综合上述信息来看，这些实证性的证据清楚地表明，宇宙的演化过程与我们通过目前的计算所预测的结果非常接近——至少在大部分历史跨度里是这样。

但事实表明，这一时间轴的绘制不仅由历史中的各项事件如何发展决定，同时也与我们的直接认知相关。那些发生在最遥远的过去，即最接近大爆炸的事件，通常也是我们最不了解的。

对于从大爆炸发生后的几十万年一直到现在的这段时间中发生过的事件，我们已经掌握了丰富的观察和测量数据，这些数据让我们可以自信地说，我们已经对这一部分宇宙史相当熟悉了。如果这一部分的宇宙演化时间表被证明有什么实质性错误的话，那么包括我在内的绝大多数宇宙学家都将会感到震惊，因为能够支撑我们目前对这一段时期的理解的强有力的证据实在是太多了。如果连这都会出错，那就好比是发现美国历史上从没发生过内战，或是发现克里斯托弗·哥伦布其实是在12世纪登陆了威尔士而不是在1492年发现了西印度群岛。尽管时刻意识到自己可能会犯错误是一件好事，但在某些情况下，证据的可信度实在太高，如果事实表明我们彻头彻尾地错了，反倒不合常理。

　　但回溯更久远的宇宙史的时候，我们的信心就会开始动摇了。在大爆炸后的最初几秒到几十万年之间，我们对于时间轴上绘制的内容也掌握了相当有力的证据。通过观察和测量能够知道，宇宙的膨胀速率以及质量和能量的数量不会与我们计算的结果有太大的出入。尽管如此，这一时期内仍有可能发生过一些我们尚未得知的重要事件。我们所掌握的有关宇宙这最初几十万年的信息尽管意义重大，但也并非详尽无遗。

　　但是，如果回溯得再久远一点儿——回溯大爆炸发生后最初的那几秒钟内甚至大爆炸后一瞬间发生的事情，我们手中就没有任何可供参考的相关直接观测结果了。我们对于这一时期知之甚少，它至今仍然藏身于难以逾越的能量、距离和时间之后。从许多方面来说，我们对于这段宇宙历史的了解不过是一种基于推断的、有根据的猜测。然而，这段宇宙初生的时间显然是那些最为紧迫且经久不衰的问题的关键，了解这一时期发生了什么对于我们了解宇宙至关重要。

　　在这本书中，你将得以一瞥宇宙大爆炸发生之后最初的几秒以及更短的时间内发生了什么。在最早期的时代，物质和能量的形式与我们今天在宇宙中看到的这些有天壤之别，并且有可能受到某种我们今天还没发现的力的作用。或许还会有某些关键的事件或是转变已经在当时发生了，但我们目前还对它们一无所知。物质之间可能以某种如今已不复存在的方式相互作用，时间和空间本身可能也与我们今天所看到的样子不同，在这一时间段中几乎所有关于物理学的一切都与我们今天看到的大不一样。

无论从什么角度来看，宇宙学在过去这个世纪都取得了令人瞩目的成就。一百年前，我们对宇宙遥远的过去一无所知，当然也对它的起源一无所知。但是基于爱因斯坦对于时间和空间提出的观点，天文学家发现我们的宇宙正在膨胀。到了20世纪60年代末，我们有了充足的证据可以表明，宇宙在一百多亿年前从被我们称为"大爆炸"的高温、高密度的状态中诞生。人类第一次开始了解宇宙的起源。

从那时起，宇宙学家开始逐渐拼凑出宇宙从诞生之初一直延续至今的历史。过去的几十年来，各种各样的高精度测量方法使我们能以全新的方式和前所未有的细致程度重现宇宙的过去。通过测量宇宙的膨胀速率、第一批原子形成时释放出的光的模式、星系和星系团的空间分布，以及各种化学物质的丰度，我们得以确认，宇宙确实是按照大爆炸理论早先预测的那样膨胀并演化的。我们对宇宙的理解比以往任何时候都要深。

不过我们的了解还并不全面。尽管我们已经付出了相当大的努力，但是我们仍然无法解释有关宇宙的一些至关重要的方面——特别是大爆炸之后最初的那几秒钟乃至不到一秒内发生的事情。当谈到宇宙的起源以及初生阶段时，各种各样的疑问依然比比皆是。

其中最著名的谜团也许是暗物质。天文学家和宇宙学家已经非常精确地确定了我们的宇宙中有多少物质，他们还发现有很多物质并不以原子的形式存在。经过数十年的测量和争论，我们现在确信，宇宙中的大多数物质并不是由原子或是其他任何已知物质构成，而是由某种不能辐射、反射或是吸收光的物质构成的，这种物质被称为暗物质。在过去的几十年里，物理学家一直致力于一项雄心勃勃的实验计划，试图揭示这种物质究竟是什么，又是怎样在大爆炸中形成的。尽管物理学家最初对此非常乐观，但是我们现在仍然对暗物质及其性质一问三不知。实验倒是都按照计划完成了，就是没有得出任何结果。暗物质比我们曾经想象的要更为神秘莫测。

即便是"普通"物质的起源也尚存在一些未被摸透的秘密。虽然质子、中子和电子以及它们构成的原子都可以很简单地通过为人们所熟知的过程创造出来，但是这些过程也会创造出等量的更为奇异的粒子，即反物质。当物质粒子和反物质粒子相互接触时，两者都会湮灭。那么为什么我们的宇宙中物质如此之多，而反物质却如此之少呢？或者换句话说，到底为什么会有物质存在呢？如果物质和反物质在大爆炸带来的高温中等量产生（我们目前所知的物理学理论所做出的预测正是如此），那么几乎所有的物质在很久以前就已经全部被毁灭，宇宙中基本不会留下多少原子。然而现在，我们周围到处都是原子。不知怎么的，在宇宙诞生后不到一秒的时间里，产生的物质就比反物质更多了。我们不知道这一事件是如何发生、何时发生的，也不明白其背后的机制，但是早期宇宙中的某些条件就这么莫名其妙地使原子（以及包括生命在内的所有的化学物质）的种子得以在大爆炸的高温之下幸存下来。

再往前回到更为久远的过去，我们就会遇到也许是宇宙所有的奥秘中最有趣的一个事件。为了理解我们所观察到的宇宙，宇宙学家不得不得出这样一个结论：在宇宙形成的最初阶段，它一定经历了一个短暂的超高速膨胀。尽管这一暴胀时期持续的时间大概只有一秒的亿分之一的亿分之一的亿分之一的亿分之一，但它却彻底地改变了我们的宇宙。从各种意义上来说，我们可以把暴胀的结束视作我们所生活的这个宇宙的真正的开端。尽管宇宙学家已经找到了许多令人信服的理由能够证明暴胀确实发生过，但是他们仍然对宇宙早期历史中的这一关键时期知之甚少。

20世纪90年代，宇宙学家开始着手研究另一个雄心勃勃的项目，即测量宇宙近期的膨胀状况，让我们能够确定我们所生存的这个世界的几何形状及其最终的命运。我们期望，通过这个项目，人类第一次能够知道，我们的宇宙到底是会一直继续膨胀下去，还是会最终逆转过来并自我坍缩。这些测量最后取得了成功，并且向我们揭示了一个很少有科学家预料到的事实：我们的宇宙不仅在膨胀，甚至还在加速膨胀。为了解释这一事实，我们不得不得出这样的结论：我们的宇宙中含有大量被称为暗能量的东西，它们填满了所有的空间并将其分离开来。然而，我们为理解这一现象付出了大量努力，最终还是空手而归。我们根本不知道暗能量是什么，也不明白它为什么存在于我们的宇宙中。

以上的每一个谜团和问题都与大爆炸后最初的那段时间息息相关。无论暗物质由什么组成，我们都几乎可以肯定它是在大爆炸后的一瞬间形成的。同样，原子能够存在于我们的世界中，这一简单的事实表明，在宇宙历史中最初的那段时间中一定存在一些我们仍未得知的事件和相互作用。宇宙暴胀也发生在这一时间段，而它与暗能量之间可能存在的某些关联又带来了许多问题。从这些问题以及其他多个方面来看，宇宙中最大的奥秘与其最初的那段时间紧密相连。

近年来，科学家建造了新的天文台，进行了新的实验，试图揭开迄今为止仍然隐藏在我们视野之外的宇宙初生时刻的神秘面纱。尽管我们开展了一系列出色的观察和测量，但从许多方面来看，我们甚至比20年前更困惑了。随着我们的宇宙学测量越来越精确，上述那些零星的问题不仅没有被顺利解决，反而愈演愈烈，甚至带来了一些新的问题。近年来，似乎我们对宇宙研究得越多，我们对它的了解就越少。

粒子物理学家和宇宙学家对粒子加速器（如位于日内瓦的大型强子对撞机）寄予了极大的希望和信心，这些大型设备受到的关注度或许超过了其他任何实验或观测计划。这些不可思议的机器将粒子束——通常是质子或电子——加速到尽可能高的速度，然后使这些粒子束相互碰撞。质子在大型强子对撞机中碰撞时，会产生许多不同种类的物质，包括所有已知的粒子种类，从电子和光子到希格斯玻色子和顶夸克。在早期的宇宙中，这些粒子的相互作用使得整个宇宙空间中充满大量的亚原子粒子。所有的粒子都在不断地与其他粒子发生相互作用，不断地产生和消失。通过在大型强子对撞机中研究这些过程，我们不仅了解了物质和能量在我们今天所生活的这个世界中的性质是怎样的，还了解了它们在大爆炸后一分、一秒、百万分之一秒甚至万亿分之一秒内的性质。

有很多人认为，这一全新的大型强子对撞机将会让我们对宇宙及其起源的认识产生质的飞跃，从而解决许多令人困惑的问题。但是自大型强子对撞机从2010年开始运行以来，它的实验结果在很多方面让我们更加困惑了。除了希格斯玻色子以外，这台仪器还没有发现任何新粒子或是我们预想中的其他现象。宇宙学家在大型强子对撞机问世之前面临的问题依然存在。我们曾经设想的许多解决办法实际上根本无法解决问题。

以暗物质为例，在过去的数年到数十年间，物理学家进行了一系列实验，但实验结果却一一排除了先前我们对于这一物质（或是这类物质）可能由什么组成的大部分最有希望的假设。暗物质不仅没有现出真身，而且让我们更加迷惑了。根据这些结论，宇宙学家不得不放弃他们运用起来最为得心应手的理论，转而寻找一些激进的新想法，来解决关于暗物质可能是什么，以及它们在大爆炸后最初的那段时间如何形成等问题。

我时常从这一角度出发，思考目前宇宙学的发展现状。我们已经拥有了一个优美而又成功的理论，但近来我们在解释宇宙中许多最为显著的特征时常常遇到困难，甚至彻底失败。从原子的起源和宇宙暴胀的奥秘，到暗物质和暗能量的性质，显然，我们在理解宇宙及其起源的方式上缺少关键的元素。

现在我们做一个小结。毫无疑问，我们在了解宇宙及其起源这一问题上已经取得了极大的进展。但尽管如此，不可否认的是，我们仍然面临着许多艰巨的挑战和棘手的问题。也许这只是一些细枝末节的问题，在未来几年中我们会通过新的实验和观测很好地解决它们。但是最近这段时间，我逐渐开始思考，这些问题或许不仅仅是一些零碎的细节，而是某些更深层次的问题的表象，这些深层问题与我们观察世界的方式有关。

在这本书中，我将带你游览宇宙的初生时刻。我们将从爱因斯坦对于空间和时间的本质的革命性观点开始，看看我们是怎样从这些想法推知宇宙发端于如今被我们称为宇宙大爆炸的高温、高密度的状态的。我将尽我所能，解释我们如何利用从望远镜到粒子加速器的各种工具来了解宇宙的早期历史。在那之后，我们会将讨论重心再次转到那些有关宇宙初生时刻的问题上。为何我们的宇宙中，物质如此之多而反物质如此之少？暗物质是如何形成的？我们的宇宙似乎经历过一场短暂的超高速膨胀，但这为什么会发生，又是如何发展的？它与我们的宇宙现在再一次加速膨胀有关吗？

如果你想要看到一个大团圆的结局，那这本书你可能没选对。这本书中处处是未解之谜，因为我们目前所掌握的就只有这么多。但是，现在的谜团就是未来的发现。在新的数据、观测和观点的支撑下，我们已经准备好阐明那些最令人困惑的问题。有了这些新的进展，我们将比以往任何时候都更加深入、更加清楚地看见过去——更加靠近时间的边缘。

2

时间与空间的世界

　　神秘感是我们所能体验的最美好的事物，它是所有真正的艺术和科学的源泉。如果一个人无法体会到神秘感，不再因好奇而探寻，不再因惊叹而驻足，那么他和一个死人也没什么两样了——他什么都看不见。

——阿尔伯特·爱因斯坦

　　我们的宇宙是如何诞生的？它年轻的时候是什么样子？它会随着时间的推移发生哪些改变和演化？它在未来会变成什么样？这些都是宇宙学的核心问题。

　　在今天，我们对宇宙及其历史的了解已经达到相当的高度，这使人很难想象仅仅在一个多世纪以前，还没有什么人把"宇宙学"当作一门科学来研究。在20世纪的头几十年里，如果有谁对宇宙的起源或是宇宙悠久的历史抱有好奇，那他只能去寻求神学家的帮助，因为当时的科学界对此一无所知且宣称根本无从知晓。当时许多人认为，科学永远也无法解答这些问题，但是在今天，任何一个理性的人都不会抱有这样的想法。

在过去的一个世纪中，无数物理学家和天文学家的科研成果令我们得以对宇宙138亿年的历史建立起详细的认知：它始于一种被称为"大爆炸"的炽热致密的状态，亚原子粒子、原子核、原子也随之产生，它们构成了我们今天的世界。现代宇宙学家已经了解了星系、恒星以及行星形成的方式和原因，并且也能以很大的把握描述大爆炸发生几秒之后的宇宙的模样。如今的我们与漫漫历史长河中其他任何人都不同的是，在仰望夜空时我们知道自己看到的究竟是什么。尽管宇宙中仍存在许多未知，但是我们对宇宙的历史以及它为何呈现出今天的模样已经有了很深的了解。在人类历史中的绝大多数时间里，能够有这样的认知都是不可思议的，然而现在世界上任何一个能够接触到互联网的人都能不受限制地了解这一类信息。

是什么让我们结束了对宇宙起源的无知，并开始建立对宇宙本质和发展历史的科学认知的？这在一定程度上可以归因于技术的进步。一个多世纪以前的望远镜根本无法捕捉后来的宇宙学所观测的对象，而一些其他的关键性工具，如粒子加速器，当时也都还没有被发明出来。但是还有一些其他的原因，一些更为本质的原因，令当时的人们无法揭示宇宙的秘密。事实上，在20世纪初，物理学家对能量、质量、空间和时间的基本性质的了解尚不足够，无法推测我们的宇宙可能会如何改变和演化，或是它是如何诞生的。在我们开始回答甚至开始提出关于宇宙起源的问题之前，我们需要一个新的、更为强大的理论基础。这个我们苦苦等待的东西，就是爱因斯坦的相对论。

　　在200多年的时间里，我们对于物质世界的理解都建立在艾萨克·牛顿的成果和思想之上。从1687年牛顿的巨著《自然哲学的数学原理》出版到20世纪初，物理学家在包括热、电、磁和光学在内的诸多领域都取得了进展，不过他们研究这些现象的方式基本上都局限于牛顿的世界观。牛顿关于运动、力和动量的观点成功地应用于一个又一个问题，这些物理学原理似乎能够解释无穷无尽的问题。当时的新一代科学家在解决新问题时，对于宇宙的基本认知仍然与牛顿在很久之前所建立的保持一致。

　　哲学家托马斯·库恩（Thomas Kuhn）有过一个著名的论断：科学的进步并不是渐进式的稳步发展，而是以一种被称为"范式转换"的方式发生戏剧性的变化。在这些剧变发生的过程中，不是新的事实被引入科学界这么简单，而是一种全新的世界观从天而降，彻底摧毁关于某一问题已有的思考方式。对于那些固守旧观念的人来说，范式转换可能会难以理解，甚至显得极为荒谬。例如，在20世纪20年代之前的几百年中，物理学家一直在为光到底是由波组成还是由粒子组成的问题争论不休。这两种说法在牛顿的世界观之下都具有可能性，但是他们怎么也无法想象，光能以粒子的形式（光子）出现，同时每个光子都是独立的波。在当时的范式之下，波是许多对象的集合。从单个物体既是粒子又是波这一可能的结果可以推导出许多奇特的、反常识的结论，而在今天被我们称为量子力学的范式转换发生之前，这些结论都是无法想象的。光到底是由粒子组成还是由波组成？答案是二者皆非，同时又二者皆是。从旧观念的角度来看，新的范式看起来可能会显得荒谬绝伦，这让我想起鲍勃·迪伦的那句歌词："太阳不是黄色的，它是一只鸡。"为了理解它，你必须先忘记一些字词在已有认知中的含义，然后建立一套全新的框架来理解这一新范式所涉及的观点。

相对论的兴起是一次彻头彻尾的范式转换，也是科学史上最为重大的转变之一。在爱因斯坦之前，物理学家只能通过牛顿力学的框架来思考他们所处的世界，这种长期存在的世界观的强大说服力虽然毋庸置疑，但它在实际应用中确实也存在局限，比如，它并没有提供能够解决宇宙学问题的方法。

空间的大小和形状是如何随时间而改变的？空间或时间是如何开始的？这些问题从牛顿力学的角度来看都是毫无意义的，在这个理论体系中根本没有宇宙学的立足之地。

爱因斯坦提出相对论，推翻了物理学家之前已有的诸多认知。当一切尘埃落定之后，牛顿物理学被一种完全不同的东西取代了：这是一个美妙的、全新的框架，我们可以用它来重新认识我们的世界，以及其中的物理定律。毫不夸张地说，几乎我们所知的有关空间和时间的一切都可以归功于阿尔伯特·爱因斯坦。

对生活在这样一个世界中的我们来说，空间和时间是一个事物存在的核心。从空间上看，我们考察的对象都具有一定的空间范围（长、宽、高）以及在空间中的位置。从时间上看，我们眼中的事件总是在某一时刻发生。事物的改变只能体现为在空间中随着时间的流逝和移动，或是在不同的时间点上呈现出不同的状态。时间和空间是我们这个世界的本质，它们构成了我们想象的基础。

婴儿时期，对几何图形（线、边、形）的认知能力是我们神经发育过程中发展出的第一批能力。囿于生物硬件的限制，人类往往只能想象出基于这些概念的现实。事物的存在似乎在隐约中依赖着空间和时间的存在。如果没有这些概念，我们的想象力就会变得局限而无力。对我们人类而言，某种东西的存在就是它在空间和时间中的存在。

物理学一直以空间和时间的概念为基础，这也没什么好奇怪的。从亚里士多德、伽利略或牛顿的观点来看，物理学定律归根结底就是确定物体在空间中的位置如何随时间变化的规律。物理学定律就是运动定律。没有空间和时间，我们就无法谈论什么是运动，什么是物体间的接近和远离。如果没有时间这一概念，我们也无法谈论正在发生的事。哪怕是能量这一概念，也是建立在空间和时间之上的，因为能量归根结底还是运动或潜在的运动。如果没有时间和空间，就没有会发生变化的事物，而没有变化，就无法构想出值得思考的实体。没有时间，就没有事件发生；没有空间，就没有物体存在。

在我们的日常生活中，空间是相对来说更好理解的——高中学的几何几乎涵盖了我们需要理解的一切。时间则要抽象一些，但我们仍然能够以一种相对直接的方式感知到它。然而，在过去的一个世纪里，物理学家已经认识到，空间和时间并不是那么简单和直接的。与亚里士多德、伽利略和牛顿不同的是，我们现在知道，空间和时间会发生变化，并且可以被塑造、拉伸和变形。空间和时间可以膨胀、收缩、缠绕、扭曲、断裂、扩展，甚至开始和停止。牛顿或伽利略可能完全无法想象，这一系列动词竟然可以应用于空间或时间。但宇宙学这门

学科正是建立在空间和时间具有这些动态和生动的特性的基础
之上。

　　想象这样的场景：你行走在一片广袤而平凡的场地上，牛
顿的车就停在前面（你可以从引擎盖上苹果形状的标志认出这
是他的车），车钥匙也在车上。你坐进车里，打着了火，向前开
了1英里（1英里约为1.6千米），然后向右转90°，再开1英里，
以此类推，直到你走过的路径画出一个完整的正方形。这时你
下车后可以看到，地上有你上车前留下的脚印。如你所料，你
又回到了起点。

　　牛顿这辆车就代表了我们的直觉。它在数学家和物理学
家所说的欧几里得空间中运动。以古希腊哲学家欧几里得的名
字命名的欧几里得空间遵循五条基本规则，也被称为公理或公
设。这些公设中包含一些看起来毫无争议的描述。例如空间中
的任意两点可用直线相连；凡是直角都相等；对于任意直线，
都有且仅有一条与之平行的直线通过空间中的任意一点。最后
这条公设意味着，平行线不会相交。你很有可能在高中的几何
课上学习过这些不容置疑的公设。它们看起来显然成立，我们
无法想象它们中的任何一个可能会是错误的。这样一来，牛顿
的那辆车确实也只能回到原点。

　　一直到19世纪，欧几里得的公设都被普遍认为是不言自

明、不容置疑的。以在认识论方面的研究（即关于我们如何确定某件事是否正确的研究）而闻名的德国哲学家伊曼纽尔·康德甚至认为，即使不能研究或观察世界，我们也可以只通过纯粹的思考和理性来提出空间和时间的概念。换句话说，他认为欧几里得几何是唯一符合逻辑的选择，或者至少是人类能够将空间概念化的唯一方式。

然而，到了19世纪上半叶，数学家已经开始将他们的想象力拓展到欧几里得体系之外。特别是其中的一些数学家，包括亚诺什·鲍耶（Janos Bolyai）、尼古拉斯·伊万诺维奇·罗巴切夫斯基（Nikolai Ivanovich Lobachevsky）以及伯恩哈德·黎曼（Bernhard Riemann）等，他们在否认欧几里得第五条公设（即有关平行线的公设）的基础上，成功建立了自洽的几何体系。在这些新的"双曲"几何以及"椭圆"几何中，两条平行线不必保持平行。与欧氏几何不同的是，在这些几何体系中，两条直线可能在空间某一点处相互平行，但沿着直线走下去，二者可能交汇，也有可能分离。在这些几何体系中，三角形的内角和可能大于或小于180°，圆周率也不一定是π。在这些非欧几里得体系中，有很多地方与你在高中学过的几何知识并不相同。

但是，数学家写出一个怪异的几何体系并不意味着它在物理上也有意义。当然，事实表明，数学在帮助我们理解物

理世界这方面十分有用，但并不是所有数学上的可能性都会
在自然世界中存在对应。我们可以通过理性想象出一个有着
一些奇怪的几何规则的世界，但这并不意味着我们的世界就
会遵循这些奇怪的规则。数学家只是根据逻辑推理成功地证
明，欧几里得的第五条公设并不非得是正确的，而在我们的物
理世界中是否果真如此，这还是一个悬而未决的问题。

　　一些数学家和物理学家被这些奇特的新几何体系吸引了眼
球，开始思考它们是否与物理世界有所关联。尽管偶尔会有一
些有趣的发现，但大多数物理学家并没有把这些独特的几何体
系当一回事——直到阿尔伯特·爱因斯坦将其作为广义相对论
的核心。

　　请再一次想象那个场景：你行走在一片广袤而平凡的场地
上，走向一辆车。这回引擎盖上可没有苹果标志了，这不是牛顿
那辆车。你有一个感觉，驾驶这辆车的体验将会非同寻常。坐到
驾驶座上时，你注意到车上有一个长相奇怪的乘客，你很担心他
手里的烟斗会点着他那一头又长又乱的头发。他带着浓重的德国
口音对你说："欢迎坐上我的车，咱们开车兜兜风去吧。"

　　就像之前开着牛顿那辆车一样，你开始绕着一个正方形行
驶，每当里程表显示已经走了1英里了，你就转个弯。然而，
因为身边坐了个陌生人，你有些紧张，所以不知不觉地越开越

快。当开完这4英里之后，你下了车，惊奇地发现自己并没有回到起点。你一度认为这辆车的里程表一定是坏了，但是车里那个人却拍着胸脯跟你保证他的车运转良好。"我的车绝对没有问题，"他自信地说，"或许是因为你现在身处的这个世界并不像你想象的那样简单。"

当你开着爱因斯坦的车靠近一个含有大量的质量或是其他能量的物体（比如一颗恒星或行星）时，事情就更加不对劲了。在这种能量存在的情况下，尽管你原本试图沿着一条直线行驶，但是最终你会发现自己行进的路线不可避免地向大质量物质偏折过去。不知为何，空间的形状被扭曲了。

要想理解为什么会发生这样的事，我们需要回想一下欧几里得的第五条公设：对于任意直线，都有且仅有一条与之平行的直线通过空间中的任意一点。在爱因斯坦的杰作——广义相对论的几何框架内不存在这条公理。但除去这条公理之后，你会发现直线的概念与你脑海中的印象大不相同。可能你会觉得一条直线在空间中划出一道弧线这个概念有些奇怪，但是定义直线的方式不止一种。一种说法是，如果一条线是连接着空间中两点的最短路径，它就是直线。在欧几里得空间中，任意两点间最短的路径就是一条简单直观的直线。但是，在质量或能量使某一片区域的空间变形之后，这些点之间的最短路径在我们眼中就不再是直线了。爱因斯坦告诉我们，空间中的直线会因为质量或能量的存在而弯曲。

　　根据牛顿运动定律，在没有任何外力影响的情况下，物体将保持原本的速度和方向沿直线运动。在爱因斯坦的眼中，这依然正确，只是他对直线的定义与牛顿不同。当质量或其他能量扭曲了周围空间的形状时，该空间内的直线就会变成曲线。当你驾驶爱因斯坦那辆车靠近一个能够扭曲空间的物体时，你的轨迹就会朝向该物体的方向弯曲，好像你被拉向它一样。这种空间和时间的扭曲就像是受到了引力的作用。事实上，这还真是引力的作用。

　　爱因斯坦通过这种联系向我们阐明，引力不仅仅是一种力，它还是空间和时间在几何上的表现。质量及其他形式的能量的存在改变了我们所生活的世界的形状，使之弯折和扭曲。在这种扭曲之下，物体的运动方式与人们长期以来运用牛顿的理论所预测出的结果相差无几。爱因斯坦所描述的空间和时间在质量和能量作用下的弯折或扭曲，实际上就是几百年来被简单地描述为引力的现象。

　　1915年，爱因斯坦完成了他的杰作——广义相对论。爱因斯坦提出引力现象不仅是一种力的作用，同时也是几何的结果，以此推翻了数百年来已被建立的物理学体系。尽管有不少物理学家都对这一理论的博大精深及其数学上的优雅大加赞赏，但它最大的优点在于它是正确的。我的意思是，这一理论的预测与实际观测结果非常吻合。迄今为止，我们还没有发现任何与广义相对论的预测相冲突的实验或观测结果。也许有一天我们也会发现爱因斯坦的理论无法解释的现象，但是目前还没有。

在大多数情况下，爱因斯坦的理论预测的物体的运动方式与牛顿的引力理论预测的结果几乎完全相同。这当然是个好消息，因为牛顿的理论同样准确地预测了许多事实。不过，也有例外。比如，根据牛顿的引力理论预测出的水星运行轨道，就与天文学家实际观测到的结果略有不同。牛顿的预测出了点儿差错，但是根据广义相对论可以得出正确的预测。爱因斯坦的理论还正确地预测了光在经过大质量物体时会如何偏转——这在1919年的一次日食观测中首次得到了证实。近年来，科学家在许多高精度测量中也发现了广义相对论的影响。如果不考虑广义相对论的影响，那么全球定位系统（GPS）也将无法正常工作。GPS卫星必须把时间的精度控制在20纳秒以内才能保证正常工作。但是根据广义相对论，由于地球引力大小以及空间曲率的差异，太空中时间流逝的速度与地球表面并不相同。如果不考虑广义相对论，那么GPS将很难将某一位置的精度控制在一千米以内，更不用说我们已经习以为常的以米为单位的精度了。

为了运用爱因斯坦的理论做出正确的预测，我们必须解出所谓的爱因斯坦场方程。尽管这些方程极难处理，但它们在理念上却相当简单。这些方程的核心是将两个概念联系到一起：空间中的能量分布，以及空间和时间的几何结构。如果已知二者中的一个，那么至少理论上就能够求得另一个。

所以，如果已知质量及其他能量在空间中的分布情况，我们就能够运用爱因斯坦方程来确定空间的几何结构。根据这一几何结构，我们可以计算出物体在其中如何运动。如果空间平直（即曲率为零），物体做直线运动时的运动轨迹与我们脑海中的直线相同。但是在大量能量附近，空间和时间是弯曲的，此时直线运动的轨迹就会变成曲线或其他非直线的路径。地球之所以沿着椭圆轨道绕太阳运动，并不是因为受引力作用，而是因为以太阳质量的形式存在的能量改变了整个太阳系的空间几何结构，地球只是沿着一条最直接的轨道运行，而这条轨道恰好是椭圆形的。能量的存在扭曲了它周围的空间和时间。这样来看，引力根本不是一种力，而是空间和时间的几何结构的直接体现。

爱因斯坦在1915年发表广义相对论时，似乎并没有想到它能应用于宇宙学。据我们所知，他没预料到这一理论会告诉我们有关宇宙的过去、未来以及起源的事情。但是这个理论中的方程却可以用来预测在质量和其他能量的影响下，空间和时间如何发生改变。这意味着，如果有谁知道我们宇宙中的所有成分，那么他就可以通过这些方程来确定我们宇宙的几何结构，并预测宇宙将如何随着时间的推移而发生变化。

在短短几年的时间里，爱因斯坦和其他一些人就清楚地认识到，广义相对论不仅能够解释物体如何以及为何在宇宙中移动，它还为我们提供了一种强有力的全新方式来理解宇宙本身。

3

一个没有起点的世界？

在整个科学史上，从没有任何一个时期像最近 15~20 年这样，不断地有新的理论和假设涌现、蓬勃发展，最终又颇为迅速地被相继抛弃。

——威廉·德西特（Willem De Sitter），1931 年

1916 年年末，爱因斯坦开始思考广义相对论的新应用。尽管这一理论只是新鲜出炉，但他已不再满足于将其中的方程应用于行星的轨道或是光的偏转，而是开始将宇宙的形状和结构看作一个整体来考察。爱因斯坦在写给同事和朋友的一封信中开玩笑地说（至少在我看来是开玩笑的语气）这项新研究"会让我面临被关进疯人院的危险"。在 1916 年，还没有物理学家研究这种课题。即便是对爱因斯坦来说，这也是一种非传统的

大胆探索。

　　如果想用爱因斯坦场方程来计算一颗行星围绕恒星的运行轨道，那么你可以从这些天体的质量、位置和速度入手。如果擅长解非线性微分方程，那么你可以利用这些信息计算出它们周围的空间和时间如何弯曲，接下来就可以确定物体是如何运动的。无论你是在计算瑞格利球场中一颗棒球的轨迹，还是一艘宇宙飞船落入黑洞的轨迹，其过程本质上都是一样的。但爱因斯坦的理论可以解决的问题可不是只有这一类。理论上，你可以从任何质量和能量的分布入手，通过爱因斯坦方程来确定结果。你甚至可以用这些方程来计算整个宇宙的几何结构和演化过程。

　　爱因斯坦在进行第一次宇宙学计算时假定物质均匀地分布在整个宇宙中。当然，这是一种把问题简单化的假设。事实上，宇宙各处的实际密度并不总是均匀的，例如地球的密度就显然比外太空的平均密度要高（实际上高出了1亿亿亿倍以上）。不过从更大的尺度上来看，我们的宇宙是相当均匀的。例如，如果计算宇宙中两个直径10亿光年的区域中的星系数量，我们会发现二者相差无几。所以，尽管爱因斯坦当时不可能知道这一点，但他取的近似条件是非常符合实际的。

　　爱因斯坦已经描述了（或者说至少是正确地猜测了）物质在宇宙中的分布情况，接下来他就开始运用自己的方程推导出空间和时间的大尺度几何结构。这个问题的答案取决于宇宙中有多少物质。如果整体密度足够高,那么整个宇宙所有空间的曲率为正(见图1),其几何结构将是数学家所谓的椭圆几何。如果沿着两条平行线在这样的宇宙中走得足够远,那么它们最终一定会相交,三角形的内角和也将大于180°。如果密度低了,空间的曲率为负——其结果就是双曲几何。在这种情况下,两条平行线会在空间中渐行渐远,三角形的内角和小于180°。

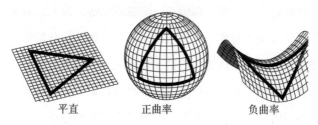

平直　　　　正曲率　　　　负曲率

图1　二维平直(左)、正曲率(中)、负曲率(右)曲面的示例。在平直的空间中,平常的欧几里得几何定律是适用的:平行线始终保持平行,三角形内角和为180°。而在正曲率和负曲率的空间中,我们在高中课堂上学到的这些定律完全不适用

　　思考宇宙的几何结构本身就很有趣了,而爱因斯坦的宇宙学研究还揭示了一些更奇怪的东西。和他的预期不同的是,这些方程似乎坚持认为宇宙的几何结构应该随着时间而改变,宇宙中几乎所有的东西都处于运动状态。爱因斯坦的方程似乎提醒了我们,空间本身也应该是运动的——要么膨胀,要么收缩。唯一不可能的就是保持不变。

这一事实有着巨大的意义。在爱因斯坦之前，所有人都认为空间是永恒不变的。但是如果空间能够发生改变，那么它既可能有开端，也可能有终结。爱因斯坦迫使我们开始思考宇宙的历史和起源，哪怕他并不是有意为之。

爱因斯坦对他得到的宇宙学结论并不满意。出于某种原因，爱因斯坦对宇宙会膨胀或是收缩的想法深感不安。我一直难以理解这一点。爱因斯坦是一个极富创造力的人，从来没有谁会攻讦他缺乏想象力。但是出于某种原因，他总是带着一种强烈的哲学偏见，认为我们的宇宙必须是永恒不变的。在他看来，我们的宇宙显而易见（他将其视为常识）一直是现在的样子，并且将会永远是这个样子。但是爱因斯坦在这一点上完全错了。

让我们退后一步更仔细地思考一下，物理学家所说的宇宙的几何结构正在改变，究竟是什么意思。在前一章已经讨论过，我们倾向于把空间视作一个固定背景，物体在其中运动，但是广义相对论告诉我们，空间实际上不是那样的。能量（包括质量）的存在可以扭曲其周围的空间和时间，改变物体在其中运动的方式。类似地，空间中任意两点之间的距离在不同时间点上也不一定是相同的。当我们说到空间在膨胀或是收缩时，我们实际上是在说空间中固定物体之间的距离在增加或是减小。类似地，某一区域的体积可以随着时间的推移而发生变化，这意味着空间在过去可能比如今更大，或者更小。

　　根据爱因斯坦的方程，一个物质密度高的宇宙不仅会有正曲率，并且最终还会随着时间的推移而收缩，将空间中所有的点拉得更近。相反，一个密度较低的宇宙将具有负曲率的几何结构，并将永远膨胀下去。

　　当时，天文学家对宇宙的大尺度结构知之甚少。他们只知道我们的太阳是组成银河系的上千亿颗恒星中的一员，但并不清楚银河系是宇宙中独一无二的系统，还是许许多多星系中的一员。此外，银河系看起来好像并没有发生膨胀或收缩。夜空中的星星似乎也没有朝向某处聚集或是彼此远离，我们的太阳系在数十亿年的时间里基本保持不变。到那时为止，天文学家还没有观察到任何能够表明我们的宇宙正在演化的迹象。在当时的技术条件下，对他们来说，我们的宇宙似乎是静止的。上述这些事实必然助长了爱因斯坦的偏见。

　　爱因斯坦当然理解自己的方程，也知道通过这些方程看到的宇宙是怎样的，但他仍然坚持认为我们的宇宙不可能发生变化。他决定为他的场方程找到一个静态解。可是正如前文所述，问题在于这些方程根本没有静态解——空间要么膨胀，要么收缩。为了找到他所期望的那种解，爱因斯坦别无选择，只能对场方程本身进行修改。

然而事实证明，修改广义相对论的场方程绝非易事。除非采取一些颇为激进的方式，譬如引入超越我们已知且生活于其中的三个维度的其他空间维度，否则就只有一种自洽的方式能够改变这些方程的结构。这种改变包括在场方程中增加一个新的部分，爱因斯坦称之为宇宙学项①。这一项的作用就像是一种向外推的力，促使宇宙发生膨胀。如果给它选取一个合适的值，那么这一部分就能够在等式中平衡宇宙收缩的趋势，防止宇宙发生自我坍缩。

爱因斯坦知道，这个宇宙学项完全是场方程中的一个临时设立的附加项。与广义相对论的其他部分不同，我们对于引力的理解不足以证明宇宙学项存在的必要性。但是它的加入从纯粹的数学角度上讲完全适配广义相对论，并且也没有观测结果表明它不可能存在。从这个意义上说，爱因斯坦完全有权引入这一新的宇宙学项，并且它似乎也确实使得静态宇宙成为可能。这对当时的爱因斯坦来说已经足够了。

1917年，爱因斯坦发表了第一篇将广义相对论应用到宇宙学中的论文，他在这篇论文中描述了一个直接来自其场方程的宇宙。很快，物理学家便将这种假想中的宇宙称为"爱因斯坦

---

① 宇宙学项与宇宙学常数（你可能在别的地方听说过这个词）成正比。在本书中，你可以将两者视作等价。（本书页下注如无特别说明，均为作者注。）

的宇宙"。

那么爱因斯坦的宇宙是什么样的呢？首先，由于存在宇宙学项，它是静态的，即不随时间膨胀或收缩。爱因斯坦的宇宙的形状和大小在过去和将来都是一样的。根据爱因斯坦的宇宙学，我们的宇宙不曾演化，也没有起源。

其次，爱因斯坦的宇宙的几何结构并不是平直的，即不遵循欧几里得几何，而是正曲率的。也许最有趣的一点是，他的宇宙的体积是有限的，但是没有任何边缘或边界。在爱因斯坦的宇宙里，空间把自身包裹成了一个有限结构。换句话说，如果你朝着任何一个方向走出足够远的距离，你最终会回到起点。

为了理解这个概念，我们可以做一个类比。虽然在爱因斯坦的宇宙里，空间是三维的，但它与二维的球体表面有许多共同特性。[①]比如，如果你沿着地球的赤道一直向西移动，那么你最终会绕地球一周，回到起点。类似地，在爱因斯坦的宇宙里，如果你沿着某一特定方向走出几亿光年（大约 10^{22} 千米），你就可以环绕整个宇宙。爱因斯坦的宇宙的体积是有限的，地球表面的面积也是有限的（大约是 50 亿平方千米），并且同样

---

① 将地球表面想象成它自己的二维空间（而不是普通三维空间的一部分）会有些令人困惑。根据我的经验，你需要记住的是我讨论的只是地球的表面——在这个二维空间中没有上下之分，只有东西南北之分。

没有边缘或是边界。

在我看来，爱因斯坦的宇宙美得无以复加。它本质上是不变的，并且是三维球面（一个普通球体二维表面的三维类比）的完美范例。不难理解为何爱因斯坦被它深深地吸引。但是就像许多美丽的事物一样，事实最终证明，爱因斯坦的宇宙只是一个幻象。它可能包含某种数学意义上的真理，但在物理上没有意义。我们生活的宇宙与爱因斯坦最初设想的宇宙大不相同。

爱因斯坦是第一个将广义相对论应用到宇宙学上的人，不过其他人很快便跟上了他的步伐。在短短几年的时间里，有几位物理学家各自求得了爱因斯坦场方程的宇宙学解。他们很快就发现，爱因斯坦的理论容许许多种不同的，甚至有些奇怪的宇宙的存在。

在这段时期求得的所有宇宙学解中，有一个是最重要的，或者至少是与我们的宇宙最像的。1922年，年轻的苏俄物理学家亚历山大·弗里德曼（Alexander Friedmann）求得了这个解。

要不是因为一些历史原因，弗里德曼最伟大的科学成就本可以更早地达成。在他刚从研究生院毕业不久时，第一次世界大战就爆发了，新成立的俄国空勤部队命令他在奥地利前线担任轰炸机飞行员。他虽然得以从战争中幸存，但也没能过上平静的生活。他的新家位于乌拉尔山脉附近的彼尔姆城,这个城市战乱不休,共产主义和反共产主义军队一直在争夺这里的控制权。1920年,弗里德曼再次搬迁,来到了圣彼得堡(当时刚刚改名为彼得格勒),在这里他担任了一系列学术职务。在这时,内战也终于结束了,这使得弗里德曼有机会回到自己的科学领域,并开始思考爱因斯坦这一新理论的含义。

弗里德曼研究宇宙学的起点在很多方面都与爱因斯坦类似。他和爱因斯坦一样,假设宇宙的密度是均匀的,并且也在计算中添加了一个宇宙学项。但是弗里德曼认为没有必要坚持宇宙的几何结构是一成不变的。事实上,与爱因斯坦形成鲜明对比的是,他确信我们的宇宙要么在膨胀,要么在收缩。弗里德曼无视了爱因斯坦在哲学上的反对,开始着手证明,广义相对论不允许不变的宇宙存在——改变在所难免。

当爱因斯坦第一次听说弗里德曼的这一工作时,他几乎立马就提出了反对意见——他甚至认为自己在弗里德曼的计算中发现了一个错误。然而,在大约一年后,爱因斯坦开始让步,并最终承认弗里德曼的数学计算似乎是正确的。但尽管如此,爱因斯坦仍然坚持认为,弗里德曼求得的这一膨胀和收缩的解在物理上是不可能的。虽然他承认弗里德曼的研究成果"既正确又清晰",却仍然坚持"它们很难被赋予物理意义"。按照爱因斯坦的说法,宇宙不可能改变。

　　事后来看，我们可以发现爱因斯坦在这一点上完全错了。一方面，后来的事实表明，爱因斯坦的宇宙学解是不稳定的，它并没有描述一个真正静止的宇宙。爱因斯坦的世界的静态本质很大程度上依赖于物质完全均匀分布这一假设。从这个意义上说，爱因斯坦的世界就像是一支笔尖朝下立在桌子上的铅笔。理论上，铅笔可能可以永远保持直立，但是在现实中，哪怕是一个游走的空气分子都有可能在任何时候将它打翻。同样，如果我们的宇宙就像爱因斯坦提出的那样，那么物质最多的区域就会慢慢地开始坍缩，而物质最少的区域就会开始膨胀。因为我们的宇宙只是近似于均匀，而不是真正地完全均匀。但在当时，这一结论并未得到广泛认可。大多数科学家根本弄不清楚到底谁才是对的。

　　在这一整章里，我一直都在提爱因斯坦的场方程和它们的解。但是我还没有真正解释过二者之间有何区别，它们各自是什么，以及它们是如何联系在一起的。你可以在任何一本物理教科书中找到掌管着物体运动和变化的方程，但光是这些方程并不足以解释一切现象。有时同一组方程可以有许多不同的解，允许多种不同的可能性同时存在，其中任何一种都有可能在这个世界上存在。

我们现在来思考一些简单的问题，比如棒球的轨迹。[①]虽然牛顿的方程（描述了引力及其对运动的影响）对预测这类东西很有帮助，但我不能仅仅根据这些方程就得知某个特定棒球在某个特定时间会出现在哪里。首先，我需要了解环境的特征：假设它在地球表面附近运动，我需要把地球的质量和半径代入方程，从而确定作用在棒球上的引力的强度。其次，为了预测棒球在未来某个时间点的位置，我需要知道它在另一时间点的确切位置、速度和旋转——物理学家称之为问题的初始条件。在大多数情况下，物理学家必须同时掌握适当的方程、环境的相关特征以及初始条件这三样东西，才能计算出物体的运动。

当我们思考宇宙的起源和演化时，同样如此。早期的宇宙学家，包括爱因斯坦、弗里德曼和其他所有人在内，都有适当的方程（即广义相对论的场方程）来解决这一问题。但对于环境因素以及初始条件，他们或多或少地都是靠推测来判断的。每一个求解的人对于当前的膨胀或收缩速率、物质的平均密度以及宇宙学项的值都有不同的估计。这就像是这些早期的宇宙学家试图单凭方程猜测棒球是如何运动的，他们不知道棒球从哪儿来，甚至也不知道棒球赛在哪个星球上举办。

———————————

① 如果你不那么喜欢棒球，那么随便换成任何其他你喜欢的能在空中飞的物体，篮球、网球、板球都可以。

　　尽管如此，仅凭爱因斯坦的方程也可以得出一些有关宇宙如何随时间演化的结论。正如我之前所说的，任何没有宇宙学项的宇宙都没有静态解，它要么膨胀，要么收缩。此外，对于任何膨胀的宇宙而言，其膨胀速率都会逐渐减慢；反之，收缩的速率会逐渐加快。这就像是我们知道所有的棒球都会在空间中划过一道弧线（抛物线）。虽然你可能无法确定某一特定棒球具体的运动轨迹，但你知道这一定是一条抛物线。

　　爱因斯坦通过在广义相对论的方程中加入宇宙学项得到了一系列其他的解。在其中的一些解中，宇宙膨胀的速率越来越快，就像一个无限加速向太空深处飞去的棒球。在其他的解中，宇宙可以在膨胀和收缩的力之间保持平衡（至少在某一段时间内保持平衡），就像一个完全停止移动的棒球，只是悬浮在那里而不发生任何变化。

　　要确定一个棒球的运动轨迹，你不仅仅需要掌握主宰其运动的方程，还需要进行观察。宇宙的演化和起源也是如此。在整个20世纪20年代，物理学家一直在争论他们最钟爱的宇宙学解的优点，却没有达成共识。宇宙学可能是从理论上的思考起步的，但这些思考只能带我们走这么远了。不过别担心，观测宇宙学的时代即将到来。

　　纵观整个科学史，由理论论证和数学推导解决的争端相对较少，更常出现的情况是新的观测和数据结束争端，改变了人们的看法。爱因斯坦、弗里德曼等人关于宇宙究竟是静止的、膨胀的还是收缩的这一争端，也正属于这后一种情况。他们已经在数学上一次又一次地争辩过这一问题，但是还没有出现任何达成共识的迹象。这场争端无法仅靠纸上的论证来解决，它需要的，是新一代强大的望远镜。

在20世纪的头几十年里，大多数天文学家都认为我们的宇宙就是银河系——在他们看来，这两个词是等价的。尽管今天的我们已经认识到，所谓的银河系只是更大的宇宙中众多星系中的一个，但在当时银河系却是唯一已知存在的星系。这就好像天文学家住在一个岛上，但他们不知道海洋中是否还有其他岛屿。就他们所知，我们的星系可能是无数个同样的物质聚集地之一，也有可能是一个四面八方都被浩瀚无边且空无一物的太空海洋包围着的、完全唯一而孤独的恒星群。

事实上，当时的天文学家已经观测到了相当多的星系，只是他们还没有意识到自己观测到的是什么。难点在于，一个遥远的星系看起来很像是一个比星系小得多且距离我们相对较近的气体云。天文学家观测了许多这样的星云，但是从它们的图像中无法分辨出它们到底是不是星系。为了弄清这些天体到底是什么，天文学家需要一种新的方法来测量它们的距离。幸运的是，美国天文学家亨丽埃塔·莱维特（Henrietta Leavitt）在

1908年发现了这种技术。莱维特的方法需要用到一类特殊的脉动恒星，即所谓的造父变星，这一类恒星的亮度变化周期与其光度之间存在固定的关系。这种关系使天文学家能够确定某一特定造父变星的真实亮度以及它与我们的距离。这对第一代观测宇宙学家来说是划时代的进步。

这一时期，望远镜本身也变得更加强大了。望远镜越大，能收集到的光就越多，我们就能够观测到更暗淡、更遥远的天体。1919年，全世界最大的望远镜是当时新建的胡克望远镜，它位于洛杉矶郊外的威尔逊山天文台。

有了胡克望远镜和莱维特的技术，埃德温·哈勃得以精准地测量到许多造父变星的距离，其中包括一些位于不同星云内的造父变星。许多天文学家长期以来一直认为，这些星云都是银河系的一部分，但是哈勃的测量结果显示，其中一些太过遥远，不可能是我们银河系的一部分。例如，他发现仙女星云中的造父变星距离我们有90万光年之远，这远远超出了银河系的范围。[①]在测量的过程中，哈勃发现仙女星云不仅仅是银河系附近的一些气体云和恒星，而是一个完整的星系，在大小和形状上都与银河系相似。因此，我们一直以来把它称为仙女星云其实是错的，它现在的名字是仙女星系。

---

① 现在我们知道，哈勃还是低估了这一距离。仙女星系与地球的实际距离大约是250万光年。

　　仅仅过了几年时间，这场争端就彻底地结束了。我们现在知道，银河系只是大得多的宇宙中许许多多恒星岛中的一员。目前我们对宇宙可观测范围内星系数量的预测值大约是一万亿。从某种意义上说，这一发现是哥白尼革命的新进展。地球只是围绕太阳公转的行星之一，而太阳只是银河系上千亿颗恒星中的一颗。哈勃在此基础上又向前迈了一步：我们所生活的银河系并不是唯一的，也没有什么特别之处，它只是更大的宇宙里众多星系中的一个。

　　仙女星云和许多其他星云本身其实是和银河系一样的星系，哈勃的这一发现具有重大意义。但就其本身而言，这些新的信息并没有向我们揭示宇宙到底是正在膨胀还是收缩。为了确定我们的宇宙是否曾发生演化或是如何演化，天文学家不仅需要测量星系的距离，还需要测量它们移动的速度。如果宇宙在收缩，那么哈勃研究的星系应该都在朝向我们移动；如果宇宙在膨胀，那么它们应该都会在空间自身拉伸的带动下远离我们。

　　幸运的是，广义相对论为天文学家提供了一种确定某一特定星系移动速度的方法。就像声源靠近你或是远离你时，声波的音高会发生变化（也就是多普勒效应）一样，爱因斯坦的理论预测，如果光源发生运动，那么它发出的光的频率也会改变。天文学家维斯托·斯里弗（Vesto Slipher）是最早认识到爱因斯坦新理论这一应用的人之一，他对许多星系进行了这种测量。斯里弗发现，来自这些星系的光更多地向更低的频率移动，即红移，这表明它们正在远离我们。

在接下来的几年中，哈勃和他的同事米尔顿·赫马森（Milton Humason）使用最先进的胡克望远镜持续地对星系进行观察和研究，并且为其中的46个天体创建了一个意义重大的距离测量目录。他们将测距结果与斯里弗对速度的测量结果结合起来之后，一个清晰的规律逐渐浮现。他们发现，星系，特别是那些他们观测到的最遥远的星系（其中每一个都距离我们几百万光年之远）都在以相当快的速度远离我们，好像我们处于宇宙中一场巨大爆炸的中心，四周所有的东西都在远离我们。更有趣的是，这些星系的退行速度（即远离我们的速度）与它们和我们之间的距离大致成正比，这个关系后来被称为哈勃定律。哈勃观测的星系中最遥远的那些大约以每秒1 000千米的速度远离我们，而最近的那些星系退行的速度则要慢得多。距离每增加100万光年，星系的退行速度大约就会增加21.7千米每秒，即8万千米每小时。[①]

起初，哈勃和赫马森不知道该如何解释这一结果。但他们的发现实际上揭示了我们的宇宙并不是静态的，与爱因斯坦一

---

① 我在这里写下的是现在的测量值。哈勃最初得到的测量结果受系统误差的影响较大，这导致他低估了星系的距离，大约与现在测量的距离相差7倍。

直坚持的观点相反。此外，数据显示我们并不位于什么宇宙爆炸的中心。尽管那个身处宇宙中心的假设很有趣，但它无法解释观测到的星系的距离和退行速度之间的比例关系。构成我们这个世界的空间正随着时间的流逝而扩大。遥远的星系之所以看起来正在远离我们，因为它们与我们之间的空间正在不断扩大。

如果你现在才第一次开始思考空间膨胀或是收缩的概念（当然也有可能还没开始思考），这些想法可能看起来有些难以理解。如果你的思维能力和大多数人一样，那么你很有可能至少在某些方面的想象出了错。但是不要为此感到沮丧，因为几乎每一个人在一开始都会犯错，我也一样。这是一种很奇怪的概念，我们所有人对此都几乎没有天生的直觉。为了更好地理解空间膨胀意味着什么，我们来打个比方。

想象一下你站在地球表面，而地球就像一个正在充气的气球一样膨胀起来（见图2）。在地球像气球一样膨胀的过程中，地球表面任意两点之间的距离都会增加。例如，芝加哥到底特律的直线距离是240英里（约386千米）。但是如果地球的半径在一小时内逐渐增长到原来的两倍，那么芝加哥和底特律之间的距离将在这一小时内从240英里增加到480英里。所以，如果你恰好住在芝加哥，那么底特律就会以每小时240英里的速度远离你。

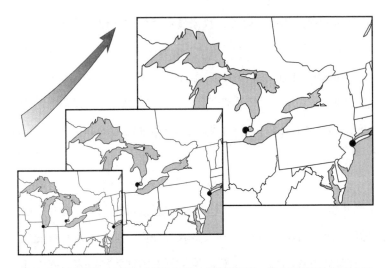

图2　如果地球像一个正在充气的气球一样膨胀起来，那么任意两个城市之间的距离都会随时间增加。在这个例子中，每个城市都在以与距离成正比的速度远离彼此。这和埃德温·哈勃观测到的星系之间的现象是一样的

　　现在，如果你从芝加哥往其他的城市看去，你会发现它们都在远离，只是速度不尽相同。例如，芝加哥到纽约的距离是到底特律的3倍，所以纽约远离芝加哥的速度也会是底特律的3倍，即大约每小时720英里。随着地球持续膨胀，地球表面的每个点都以与彼此距离成正比的速度相互远离。这正是哈勃发现的星系之间的现象。

　　同样的类比也可以帮助我们理解空间膨胀的其他方面。无论你身处地球表面的什么位置，所有的城市都在远离你。正如地球表面没有什么中心一样，膨胀中的宇宙也没有中心。宇宙

中的每一个观测者，无论身处何方，都会观测到与哈勃所看到
的相同的星系退行。

当我在课堂上或是讲座上解释这个概念时，通常讲到这里
都会有人提出这样的问题："但是空间要膨胀成什么样呢？"大
多数人都会把空间的膨胀想象成空间向其他空间区域扩展，或
是逐渐占据其他空间区域的过程，就像是一个正在充气的气球
一样。但是这就没有正确理解我们所说的"空间"这个词的意
义。空间不能扩展到其他的空间。我们所说的空间在膨胀，指
的是所有的空间，而不是其中某一部分。没有什么东西能让空
间扩展或是占据，就算有，那也是空间。我们宇宙的空间越来
越大，但是没有侵占什么别的区域。

当宇宙学家谈论空间膨胀时，他们所指的并不是星系或
其他物体移动到一些已经存在的、之前从未被占据的空间。空
间的膨胀并不是指星系分散开来并流入一个更大的宇宙的体积
中，而是随着时间的推移，空间本身变得越来越大。现在空间
中所有点之间的距离都比过去更远。

当我们思考日常生活中物体（比如飞行中的棒球和正在刹
车的汽车）的物理特性时，只需要凭借直觉就可以获取很多信
息。数百万年的自然选择使我们的大脑非常善于描绘和理解这
些现象。但并不是所有的物理概念（尤其是现代物理概念）都

如此直观，空间膨胀就是一个例子。如果没有足够的努力和训练，我们的大脑很难将其概念化。不过人类的大脑也是相当灵活的，可以在引导之下理解一些非常奇怪的概念。

如果你还是对空间膨胀的概念存有疑惑，那我再给你支个招：把空间的膨胀想象成宇宙中所有的物体都在缩小。怎么理解这句话呢？在空间中任意选取两个点，如果你测量到它们之间的距离随时间而增加，那么你就能够得出这样的结论：这是因为它们之间的距离在增加，即空间在膨胀。但是怎么测量空间中两点之间的距离呢？你需要找到某种相当于尺子的衡量标准。现在，我坐在离我家不远的一家咖啡店里。如果要确定我所身处的这个房间的宽度，那么我可以拿出一卷皮尺（如果没有的话，就用我双手张开的宽度来估算）量一量从一面墙到另一面墙的距离。但是如果没有测量标准，就不可能完成测量。如果我给你一张没有任何特征的房间（基本上就是个空无一物的立方体）的照片，让你估计它的大小，你是无法做到的。它的宽度可能是一厘米，也有可能是一英里。没有可供比较的标准，你就无法确定距离，距离只有在进行比较时才有意义。

所以，空间中的距离取决于我们用什么来测量它们，于是我们就有了至少两种迥然相异的方式来看待空间的膨胀。第一种，也是较为传统的一种，是认为我们宇宙中空间的量在不断增加。但我们也可以想象空间中的一切都在缩小，而空间本身保持不变。这两种思考问题的方式是完全等价的，没有任何区别。如果我身处的这个房间没有发生变化，但是我的皮尺却在不断缩小，那么我测量到的房间大小也会不断增大，看起来就像是这个房间正在膨胀。但是为了让我相信这个房间真的在变大，那么不仅我的皮尺要缩小，房间里所有的东西（包括我自己的身体在内）也同样要缩小。如果房间里的每样东西都在以同样的速度缩小，那就无法判断是房间在变大还是里面的东西在缩小。

同样，对于宇宙在膨胀还是宇宙中的一切都在缩小，你可以任选其一。不过我得再强调一下什么叫"一切"。例如，我们经常用光在两点之间传播的时间来表示它们之间的距离。所以，为了使我们所有的测量标准都缩小，即便是光速也得随之变慢。同样，原子中的质子、中子和电子之间的距离也会缩小，太阳和地球之间的距离也会缩小……所有你能想到的一切，都在缩小。不难想象，想要解释清楚自然中所有的这些性质以同样的速度发生变化的原因颇具难度，因此很难让人相信这样是为了模拟空间的膨胀。话虽如此，如果你觉得膨胀的空间不会占据任何别的区域这一点让你感到困扰，那就把宇宙想象成是静止的，并且在这个宇宙中所有的东西都在缩小，这会好理解得多。

　　哈勃的观测不仅揭示了我们的宇宙正在膨胀，并且开始向我们讲述宇宙的过去和未来。如果你知道一个棒球在任意时刻的速度，那么就可以用牛顿的方程来推测它在之后某一时刻的运动，也可以判断出它在之前某一时刻的位置。同样，哈勃测量了宇宙的膨胀速率，并将其与描述了弗里德曼宇宙学解的方程结合在一起，由此，科学家得以开始推断宇宙的历史。

　　通过弗里德曼的方程回溯宇宙的历史，我们会发现过去的宇宙比现在更加紧凑，其质量和能量密度比现在高得多。在这种高度压缩的状态下，年轻的宇宙温度很高，并且时间越往前，温度越高。事实上，如果你通过这些方程推演到足够遥远的过去，直至上百亿年前，你会发现那时宇宙的每一个角落都充满了超高温的高能粒子。

　　尽管爱因斯坦试图证明我们的宇宙可能在某种程度上是静止的，但是弗里德曼、哈勃以及其他早期宇宙学家的共同研究表明事实并非如此。根据广义相对论的方程，空间的大小和形状必然会随着时间的推移而发生演化。此外，根据对宇宙膨胀的观测，我们的整个宇宙，我们所知道和将会经历的一切，都是在上百亿年的时间里，从一个炽热的原始状态逐渐成长和膨胀为我们今天所看到的这个世界的。几十年后，人们开始将这一原始状态称作宇宙大爆炸。这是人类历史上第一次真正地窥见了万物的起源。

4

在大爆炸的瞬间

　　望远镜在某种程度上就像是时光机。我们使用望远镜观测到的极为遥远的星系，它们发出的光要历经数十亿甚至上百亿年的时间才能到达我们这里。通过天文学来研究宇宙会很便利，因为我们可以看到过去。

——马丁·里斯（Martin Rees）

　　我还清楚地记得自己第一次接触宇宙学时的情景，那是我大学的最后一年，那时的我刚刚开始学习这门学科。我对在宇宙膨胀和冷却的过程中发生的那些不可思议的事情充满了敬畏。人类并不是通过猜测或是创造神话来发现并理解宇宙演化的深刻历史的，而是通过观察、测量和推理，这几乎和这门科学本身一样令人惊叹。

宇宙历史中的基本要素（现统称为大爆炸理论）有着极其充分的观测证据。现在任何一位严肃认真的科学家都不会怀疑，我们的宇宙在过去的138亿年间从一个炽热、稠密的状态膨胀起来，并在此过程中逐渐形成了原子核、原子、星系、恒星和行星。能够支撑这一时间表的证据简直是压倒性的，不容否认。但是一开始的情况可不是这样。当大爆炸的想法第一次被提出的时候，很少有科学家能够接受有关宇宙历史的这种观点，并且有很多人竭力地反对它。在对这一理论有利的证据大量积累之后，大多数物理学家和天文学家才开始对它持有更加正面的看法。这是任何一个正常运转的科学共同体的关键特征——尽管其中的成员常常会对某些事情持怀疑态度，但如果有足够多的证据支持，他们最终还是愿意改变主意。现在，支持大爆炸理论的证据已经不容置疑了。

自20世纪90年代以来，观测宇宙学家已经收集到了大量极为详细而精确的数据，这与以往的状况完全不同。这些数据不仅证实了大爆炸理论的基本要素，并且越来越生动地展示了宇宙历史进程中发生的许多事件的画面。在此之前30年，几乎没有科学家会相信我们这么快就能对宇宙了解这么多。但是无论如何，我们做到了。对宇宙学家来说，这是一个激动人心的时代。

　　哈勃发现了星系正以与距离成正比的速度远离我们，这提供了第一个明确的证据，证明我们的宇宙确实在随着时间的推移而膨胀和演化。这一事实意义重大。毕竟，如果某一事物（比如宇宙）可以发生改变，那么它就完全不可能是永恒不变的。而一个会发生变化的事物就可能，甚至是一定有一个开端。科学家不可避免地开始对宇宙的诞生提出问题。

　　在第一代宇宙学家中，大多数人并不关注宇宙遥远的过去或是起源。但是也有旗帜鲜明的例外，乔治·勒梅特（Georges Lemaître）便是其中一员。在我们所生活的世界上，科学和宗教一般都处于相互对立的状态，但勒梅特却是一个标新立异的人。他不仅是一位数学家和天文学家，同时还是一名天主教神父。尽管在历史上，宗教经常阻碍科学的进步，不过，首先将宇宙以及宇宙中的一切都是在某个原始事件中被创造出来的这种可能性作为一个科学假设的人，是一个有宗教信仰的人，这可能也不足为奇。

　　1923年，勒梅特在剑桥大学读研究生时，曾与著名天文学家、物理学家阿瑟·爱丁顿一起工作，并开始接触刚刚起步的宇宙学研究。后来，勒梅特又在哈佛大学和麻省理工学院分别待过一段时间，最终回到了自己的祖国比利时，开始在天主教鲁汶大学担任兼职讲师。在这时，勒梅特还没有取得什么突出的成就。虽然他取得了很多名牌大学的学位，但他最初的研究并没有什么影响力。不过这一切即将发生改变。

1927年，勒梅特发表了第一篇关于宇宙学的重要论文。他在计算中用广义相对论的方程推导出了将星系的运动速度与星系间的距离联系在一起的哈勃定律，这比哈勃完成他那一系列著名的观测早了整整两年。在勒梅特看来，这种关系是广义相对论的必然结果，但是包括爱因斯坦本人在内的许多人都对此持怀疑态度。尽管爱因斯坦向勒梅特承认"你的计算是正确的"，但他随后又很快补充道"你对物理学的掌握可真是糟透了"。

如果勒梅特的学术生涯就此结束，那么现在可能几乎没有人能记住他的名字。但是随着哈勃的研究成果出炉，勒梅特准备顺势发表另一个更为大胆的想法。他的这项工作将为此后一个世纪的宇宙学奠定基础。

1931年，勒梅特发表了一篇简短而深刻的论文，题目是《从量子理论的视角看世界的开端》。他仅用了几段话就提出了一个观点，认为现在宇宙中存在的一切（形成物质的每一个粒子和构成光的每一个光子）都是从某一单个"原子"的衰变中产生的。尽管它也被称作"原子"，但是勒梅特提出的这个原初原子与元素周期表上的元素截然不同。最大的区别就在于，它的质量非常巨大，相当于现在宇宙中所有物质能量的总和。

勒梅特认为，在这一个原初原子开始衰变之前，空间和时间的概念根本就没有意义。毕竟，我们只能测量物体与物体之间的距离，但是如果宇宙中只有一个物体，那也就没什么距离能够测量了。同样，在这种孤立的状态下，勒梅特的原子什么都做不了：没有可以移动的位置，也没有可以进行相互作用的物体。只有一个物体的宇宙中不存在空间，没有事件发生的宇宙中不存在时间。如此看来，空间和时间是伴随着原初原子的衰变而产生的。

当然了，勒梅特所说的这些与我们现在所理解的大爆炸没有什么共同之处。但这篇论文第一次从物理和科学的角度提出了有关宇宙起源的观点——某一创世事件发生后，其他事件纷至沓来。当时，许多科学家已经开始接受我们的宇宙正在膨胀的观点，但时间和空间本身可能有一个开端这一观点却几乎被所有人一致反对，用阿瑟·爱丁顿的话来说就是"这很令人反感"。不过爱因斯坦明显是个例外，他后来对勒梅特及其物理学观点持有更为赞赏的态度。1933年，在听了勒梅特的一次演讲之后，爱因斯坦评论道："这是我听过的有关创世学说的解释中最美妙、最令人满意的。"

*　　*　　*

随着时间的推移，空间逐渐膨胀，空间内物质和能量的分布也越来越稀疏。因此，在早期的宇宙中，物质的密度比现在更高；而在未来，宇宙的密度会变得更低。物质和能量在被稀释的同时也会逐渐冷却，所以过去的宇宙比现在更热，未来的宇宙比现在更冷。

这个看起来简单的逻辑就是大爆炸理论的关键所在，只要顺着这个逻辑向前追溯，你就可以重建整个宇宙的历史。大约31亿年前，宇宙的体积只有现在的一半；再往前追溯到85亿年前，它的体积只有现在的十分之一；而120亿年前，它的体积只有现在的百分之一。

在早期的宇宙中，所有东西都靠得很近，因此密度也就比现在更大。但是在那个遥远的时代，宇宙与现在不同的可不仅仅是整体密度，物质和其他形式的能量的相对数量也会随着空间的膨胀而发生变化。对于物质来说，其密度的变化和我们想象中的区别不大。例如，当空间的体积增加了1 000倍时，只要在这个过程中没有旧物质的消亡或是新物质的产生，那么空间中物质的密度就会下降到千分之一。但是对于以光速运动的光子或是其他接近光速的粒子来说，事情就没那么简单了。除了前面提到所有粒子都会经历的稀释之外，单个光子还会因为空间的膨胀而被拉伸，这增加了它们的波长，降低了它们的能量和温度。这种效应被称为宇宙学红移，它导致光的能量被稀释的速率比普通物质粒子更快（见图3）。当空间体积增大到之前的1 000倍时，光子所含的总能量会下降到万分之一，被稀释的

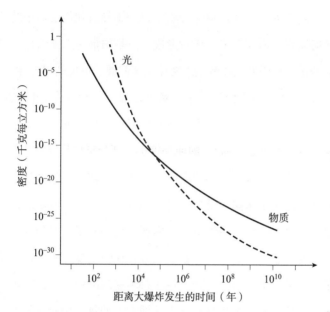

图3 纵观整个宇宙的历史，空间的膨胀逐渐稀释了宇宙中所包含的物质和光
的密度。此外，由于宇宙学红移的存在，以光的形式存在的能量会下降得更
快。因此，在遥远的过去，光与物质的比例比现在要高得多

程度比物质高十倍。

　　因此，无论现在的宇宙中光与物质的比例是多少，我们知
道，这个比例在过去一定比现在要高一些。尽管今天的宇宙中
以物质的形式存在的能量比光所含有的能量多得多，但是如果
你追溯到足够长的时间之前，你会发现在宇宙某个时期的情况
并非如此。宇宙并不是从物质的形态开始演化的，而是以光的
形态开始的。

在整个20世纪上半叶，没有人确切地知道我们宇宙中的原子从何而来、如何形成、何时形成。但是如果一定要给出一个答案的话，最好的选择就是思考原子核起源于恒星的可能性。

自20世纪20年代初以来，物理学家就一致认为，恒星释放的大部分能量都是由氢聚变成氦核所产生的。恒星主要由氢元素组成，根据 $E = mc^2$，即便是很小一部分氢也足以产生供一颗典型恒星使用数十亿年的能量。到1940年前后，物理学家已经确认并理解了恒星内部的大部分基本核过程。在质量最大的恒星中，这些过程可以形成铁元素那么重的原子核。甚至于那些更重的元素（如金、银、铀）也可以在恒星爆炸（被称为超新星）中被合成出来。在当时许多科学家的眼中，我们宇宙中的每一个原子核，即出现在元素周期表上的每一种元素的原子核，似乎都起源于恒星的熔炉之中。

但是到了20世纪50年代末，这个被称为恒星核合成的理论开始显现出一些问题。尤其是，我们越来越清楚地认识到，单靠恒星并不能解释宇宙中为何有如此大量的氦。在我们的宇宙中，氦原子占原子总数的很大一部分（约占总质量的25%），这么多的氦似乎不太可能都是在恒星中形成的。

尽管面临这样的困境，但在当时看来，元素似乎只能通过恒星核合成这一种方式形成。毕竟，核聚变只有在数十亿摄氏度或是更高的温度下才能发生，而这样的温度只存在于恒星的核心中。但在1946年，出生于苏联的美国物理学家乔治·伽莫夫（他曾是亚历山大·弗里德曼的学生）提出了另一种可能性。伽莫夫意识到，我们观测到的宇宙正在膨胀的这一事实似乎意味着我们的宇宙在遥远的过去比现在热得多，于是他提出，可能大多数的原子核都是在大爆炸的高温下形成的，而不是在恒星的内部。

几年前，我重新回顾了伽莫夫一开始在1946年发表的那篇论文，以及他和学生拉尔夫·阿尔弗（Ralph Alpher）于1948年完成的后续论文[①]。纵观整个科学史，我实在是想不出有哪篇论文能够在如此重要的同时却又如此漏洞百出。"原子核有可能在大爆炸中形成"，这一观点具有深远的意义，要批评这个观点我真是一万个不愿意。可话虽如此，伽莫夫和阿尔弗的计算确实存在许多问题。例如，伽莫夫和阿尔弗并未充分考虑原子核之间的相互排斥，因此高估了多种核聚变的速率。更重要的是，他们似乎没有意识到，在大爆炸的过程中能够大量产生的就只有最轻的那几种核素（如氘、氦、锂等）。早期宇宙中的高

---

① 尽管事实上物理学家汉斯·贝特（Hans Bethe）并没有参与这一研究，也没有参与论文的写作，不过出于营销策略这一角度的考虑（当然也因为伽莫夫认为这样做很有趣），他被列为这篇论文的作者之一。这样一来，这篇论文的作者顺序就变成了"阿尔弗、贝特、伽莫夫"，与"阿尔法、贝塔、伽马"（即前三个希腊字母α、β、γ）谐音，于是这篇论文也被人们称为α–β–γ论文。直至今天，该名称仍然广为人知。

温只存在了很短的一段时间，这段时间不足以产生那些更重的元素。

在接下来的几年内，多名物理学家相继发现并修正了这些问题。当一切问题都被解决之后，我们可以发现，宇宙中的大部分氢和氦似乎都是在大爆炸中产生的。然而，大多数更重的元素不可能是以这种方式形成的，它们一定是在恒星中诞生的。出于这一原因，恒星核合成在一段时间内仍是主流的理论。我们现在知道，实际上这两种生成原子核的机制都是存在的。尽管元素周期表上的大多数核素都是在恒星中形成的，但是最轻的那些元素绝大多数都是在宇宙历史中最初的几分钟内产生的。

在第一批原子核形成的原初时期，我们的宇宙中充斥着强烈的光和热。在大爆炸中合成的氦和其他核素的数量在很大程度上取决于当时存在多少光子。到20世纪50年代，人们已经清楚地知道，如果观测到的氦确实来源于大爆炸，那么一定曾有过这么一个时期（大约是大爆炸后的头10万年），构成宇宙中大部分能量的是光而不是物质。虽然这些光子所携带的能量会随着宇宙的膨胀而逐渐减少，但这些原初光子并没有从宇宙中消失。事实上，这些光的粒子直到今天仍然存在，它们现在就像是一个看不见的微波海洋，填满了整个宇宙。

这种宇宙辐射（宇宙遥远过去的遗迹）无处不在，散布在整个宇宙空间之中。它现在被称为宇宙微波背景辐射，其温度目前是2.728 K（绝对零度以上2.728摄氏度），即零下270摄氏度左右。不过，它并不是一直都这么冷的。在138亿年前，大爆炸发生38万年后，这种辐射刚刚产生的时候，其温度高达3 000 K——大致相当于恒星表面的温度。与我们现在身处的这个寒冷而空旷的宇宙截然不同，年轻的宇宙整个被这种辐射的酷热所占据，没有一个地方是空旷的，没有一个角落被隐藏或是包围着，整个空间中充满了能量和热量。

*　　　*　　　*

宇宙在不断膨胀的同时也在逐渐冷却。但是温度变化在某些特定阶段的影响尤其大。例如，在液态水冷却的过程中，它的特性会逐渐发生变化——能量逐渐降低，同时密度略有增加。但是当水达到0摄氏度时，它就会变成冰。类似的变化发生在我们的宇宙相对年轻的时候，大约是大爆炸后38万年。就在那时，宇宙的温度第一次降到3 000 K以下。而3 000 K可不是个普通的温度，它是一个具有标志性意义的温度——这是原子的"凝固点"。

我们通常不会想到单个原子是可以凝固的，但它们确实可以。你可能在化学课上学到过，一团原子或分子可以凝固成固体，以及固体可以熔化为液体或是升华成气体（这是由于原子或分子个体之间不再相互约束）。然而，我在这里要讨论的与普通物质的熔化和凝固不同，它不是原子团之间的相互作用，而是发生在单个原子上的事情。

在大爆炸后的前几十万年里，整个空间中满是质子、电子以及一小团一小团的由质子和中子结合成的原子核。用于组装原子的配件都有了，只是原子还没有形成。但随着宇宙的冷却，电子开始与质子以及氦原子核结合，形成了第一批完整的原子。在此之前，宇宙实在是太热了，原子无法存在于其中。在几千摄氏度以上的温度下，原子核无法束缚电子，因此原子也就无法保持完整。换句话说，这么高的温度超出了原子的"熔点"。

在观测宇宙学家的眼中，第一批原子的形成是宇宙历史上的大事件。在电子和质子结合成原子之前，整个空间中充盈着由带电粒子组成的等离子体——这种等离子体几乎完全不透光。因此，我们的望远镜只能观测到这一事件之后发出的光。想要用望远镜看到更久远的过去，就像想用望远镜透过太阳表面观测其内部深处的状况一样困难。

当第一批原子形成时，不透光的等离子体转变为电中性的氢和氦原子的气体，从而使得光可以在其中相对轻易地穿梭。其实，在这种转变之后不久出现的光子中的大多数都一直在太空中穿行,没有与任何物体发生相互作用,也没有被任何物体吸收。今天的宇宙学家在研究宇宙微波背景时,观察到的正是这些在上述转化过程中被释放出来的光子。虽然这些光随着宇宙的膨胀也在逐渐冷却,但是组成现在的宇宙微波背景的光子与大爆炸38万年后的那一批基本相同。这种辐射对宇宙学家的意义就像化石之于古生物学家一样。通过研究它的性质,我们就能够了解宇宙的历史和过去。

尽管现在已经冷却下来的宇宙微波背景辐射一直环绕在我们的四周,但是对于科学家来说,对其进行探测和研究还是颇具难度的。与我们肉眼所能看到的光不同,组成宇宙微波背景的光子携带的能量要少得多,波长也长得多。我们最常用的望远镜(光学望远镜,甚至包括红外望远镜)都无法探测到大爆炸时留下的光。不过,在20世纪五六十年代,随着射电天文学的进步,人类第一次有能力去观测这一来自宇宙炽热的年轻时代的遗迹。但是,就像发现第一批恐龙骨骼化石的人并不是那些专门搜寻它们的人一样,宇宙微波背景的发现同样也是一个巧合。

首次捕捉到宇宙微波背景辐射的射电望远镜长得和大多数人想象中的望远镜不太一样。位于美国新泽西州霍姆代尔的霍姆代尔望远镜是一个样子有些怪异的50英尺(约15米)长的铝制天线，而不是一个带有透镜和镜面的长管状物体。它一开始的设计目的并不是研究宇宙，而是与卫星通信。然而在20世纪60年代，两位射电天文学家阿诺·彭齐亚斯（Arno Penzias）和罗伯特·威尔逊（Robert Wilson）用它来搜寻整个银河系中来源于天文活动的无线电波。但是他们没有预料到的是，在巡天观测的过程中，这个天线不断地接收到一种持续不停的嘶嘶声。无论把望远镜对准哪里，无论什么时候进行观测，都有一种固定的噪声挥之不去。

你可能已经猜到了，这种烦人的嘶嘶声不是一种普通的噪声。他们的天线接收到的微弱的嘶嘶声，正是自从第一批原子形成以来就在宇宙中四处穿行的光子。彭齐亚斯和威尔逊在无意间看到了宇宙遥远的过去，他们目睹了宇宙大爆炸的第一束光。

彭齐亚斯和威尔逊在与普林斯顿的一些宇宙学家进行交流之后，才开始意识到他们这一发现的重要性。当然，起初并不是所有人都相信这个信号和宇宙早期原子的形成有关。在20世纪60年代，大爆炸理论仍然只是一个颇具争议的观点，许多科学家还是更加青睐其他宇宙学模型。例如，一些大爆炸理论的反对者认为，彭齐亚斯和威尔逊观测到的实际上并不是产生于那段炽热的历史时期的宇宙辐射，而是宇宙中数十亿颗恒星累积产生的散射光。在当时，很难说这些不同的观点哪个是对的。对大多数科学家来说，这种低温背景辐射的起源还远未明朗。

不仅如此，由于当时宇宙背景辐射相关的理论预测（说得好听点儿）存在一些不确定性，这个问题变得更加复杂了。其实早在彭齐亚斯和威尔逊之前，物理学家就已经意识到，宇宙大爆炸应该会留下一个各向同性、遍布整个空间的低温背景辐射。然而，对于这种背景究竟应该具备怎样的特征，他们并没有得出一个统一的意见。包括乔治·伽莫夫、拉尔夫·阿尔弗、罗伯特·赫尔曼（Robert Herman）、罗伯特·迪克（Robert Dicke）等人在内的理论物理学家都对宇宙背景辐射的温度进行了估算。其中有一些计算结果相当准确，但也有一些现在看来不太靠谱的。阿尔弗和赫尔曼在1948年第一次进行估算的结果就与今天计算的数值非常接近——他们的计算结果是绝对零度以上5度，即5 K，而真值是2.728 K。看起来好像也不是很准确，但是出现这一差异的主要原因是，当时人们对宇宙的年龄和膨胀速率掌握得还不够准确。考虑到这些不确定性对他们计算过程的影响，我认为他们在那个时候能够估算出5 K这个结果已经相当了不起了。然而几年后，这两位科学家又重新进行了计算，把之前的结果改为28 K——我可不打算将此举称为"改善"。相比之下，伽莫夫一开始估算出的50 K这个结果可以说是相当离谱，但是他却随着时间的推移一步一步地改善着自己的计算结果——1953年的估算结果是7 K，到1956年又改为6 K。他似乎是在逐渐接近标准答案，但是并没有取得所有人的认可。即便是到了20世纪60年代，钻研这一问题的科学家和研究团队也没有得出统一的结论。这样一来，我们观测到的背景辐射与大爆炸是否有关就要打上一个大大的问号了。毕竟，如果我们连大爆炸留下的辐射应当是什么样都不知道，又怎么能确定望远镜观测到的就是大爆炸的辐射呢？

　　不过，这种混乱的局面最终还是被理顺了。随着天文学家继续对这种辐射的光谱进行更为细致的观测，以及理论物理学家逐渐在估算结果上达成统一，人们越来越清楚地认识到，之前观测到的辐射其实就是大爆炸理论所预测的宇宙微波背景辐射。更重要的是，测得的这种辐射的性质与其他模型所预测的结果并不匹配。在大约十几年的时间里，这些进步使得人们达成了共识：彭齐亚斯和威尔逊确实观测到了大爆炸的余晖。1978年，他们因这一发现获得了诺贝尔物理学奖。至少在科学家以及受过科学训练的人看来，大爆炸理论不再只是一种有争议的推测，它已经发展到了不得不被称为科学事实的地步。

　　对宇宙微波背景的探测证实了宇宙曾经处于一种炽热而稠密的状态，充满着稠密的带电粒子等离子体。我们的世界确实起源于一场大爆炸，然而这个令人难以置信的发现并不意味着我们探索宇宙起源的脚步可以停下了。这只是刚刚起步。

几十年来，宇宙学家一直在彭齐亚斯和威尔逊的观测结果的基础上不断地加深对宇宙的了解，而且成果颇丰。例如，通过测量和分析宇宙微波背景温度在整个天空范围内的微小差异，我们已经能够以极高的精度确定宇宙的几何形状。我们现在知道宇宙是平直的，至少也是非常接近平直，没有明显的正曲率或负曲率。结合这些测量结果以及对星系和星系团大规模分布的观测，我们还能在3%的精度范围内确定宇宙中物质的平均密度（大约是每立方米3.3×10^{-24}克），以及在0.2%的精度范围内确定自从宇宙大爆炸发生以来时间已经过去了多久。我们还知道了很多有关宇宙如何随着时间膨胀，以及星系和恒星如何形成这样的事。我们的确叩开了新时代的大门——精确宇宙学时代。

然而，尽管物理学家已经取得了这些进展，但是还有许多重要的问题仍然没有得到解决，特别是关于宇宙最早期的那段时间的问题。例如，我们仍然不知道组成原子的质子和中子是如何在大爆炸的高温中幸存下来的。根据我们所了解的情况，这些粒子似乎应当早在原子能够形成之前就已经消失殆尽了，一定有什么我们尚未了解的事情阻止了这一切的发生。

其他的现代宇宙学观测带来的新问题不少于它们解决的旧问题，甚至还要更多。例如，科学家利用对宇宙微波背景的观测来测定宇宙中质子、中子和其他形式物质的数量。然而这些测定工作的结果表明，只有大约16%的物质是由质子和中子，或者说是由各种各样的原子或分子组成的，还有84%是由其他完全不同的东西组成的。我们可以通过引力判断出这些其他种类的物质的确存在，因为我们无数次测量到过它们的引力产生的效应。然而，我们根本不知道它们是什么，也不知道它们在早期宇宙中是如何形成的。我们别无选择，只能把这种神秘的物质命名为"暗物质"，但是给它起个名字不代表我们了解了它。

　　但是即便是加上暗物质，我们也无法解释清楚现代宇宙学的所有观测结果。对宇宙微波背景以及宇宙膨胀速率的测量又带来了新的谜团。几十年前，宇宙学家几乎一致认为，宇宙的膨胀速率应当随着时间的推移而减慢。但是自从20世纪90年代末以来，天文学家观测到的现象恰恰相反：在过去的几十亿年里，宇宙膨胀得越来越快。为了解释这些意料之外的观测结果，宇宙学家绞尽脑汁，做了许多激进的尝试，从重新引入爱因斯坦的宇宙学项到修正广义相对论本身。就像暗物质一样，我们看到了谜题，却没有找到答案。此外，推动宇宙加速膨胀需要巨大的能量，巨大到比宇宙中所有物质所含的能量总和还要多。我们不知道这种能量是什么，也不知道它为什么会存在，但是我们同样给它起了个名字，叫作"暗能量"。

＊　＊　＊

　　在过去的一个世纪中，我们对宇宙及其历史有了很深的了解，并且随着时间的推移还会了解到更多。然而我认为，实事求是地说，这个世界的诞生和起源仍然是一个几乎完全没有被解开的谜团。但有了谜团，才有发现。我们还在不断运用新的工具，提出新的观点，坚持不懈地为解开这些谜团而努力，并且已经开始了解宇宙的初生时刻到底发生了什么。

　　几千年来，人类一直在思考和询问关于我们所身处的这个世界的过去和未来的问题。在这一点上，我们与我们的祖先并无不同。真正让我们区别于古人的是，这是历史上第一次，我们作为人类能够对这些问题做出真实可信的解答。我们是第一批目睹宇宙大爆炸的人。

5

宇宙与加速器

大型强子对撞机是一台空前强大的望远镜。

——约翰·埃利斯（John Ellis）

　　想象一下自己居住在一座热带岛屿上，并且你和你认识的每一个人都是从出生起就一直居住在这座岛上，从未离开过。这个岛上温度最低的时候也就50~55华氏度（10~13摄氏度）左右。在你目力所及的任意一个方向都有液态水存在，但是你从来没有见过冰。

　　那么再想象一下，你们的科学家已经确定，这座岛上的平均温度一直在缓慢而稳定地上升，并且已经持续了相当长的一段时间了。他们估算出，几千年前这座岛上的平均温度只有50华氏度（10摄氏度），而在几万年前这座岛上还出现过30华氏度（零下1摄氏度）以下的低温——现在生活在岛上的人还没有谁见识过这么低的温度。现在岛民们想要知道，在遥远的过去，那些寒冷的日子到底是什么样子的。但是，没有真正经历过寒冷的他们怎么能知道那是什么样的一种体验呢？

为了回答这个问题，岛民们可能会扬帆远航，只为找到一个气候更冷的地方，以完成自己的研究。也有可能是这样，他们在某一天发明了制冷技术，这样就能创造出与多年之前岛上的环境类似的条件，并且还免去了在外奔波的舟车劳顿。

想想看有了这样一台机器后能做出多少发现。只要打开冰箱的电源，岛民就可以观察到他们并未亲身经历过的世界，从而了解遥远的过去，甚至重现史前的状况。有了这么一台机器，他们就能了解到岛周围的水被冻结成固态冰的那个时代的情况——他们之前甚至都想象不出冰是什么样的。

为了了解宇宙在最早期是个什么样子，我们也需要依赖机器来重现很久以前的物理条件。但这些机器不是冰箱，它们要做的事与冰箱恰恰相反。我们需要使用粒子加速器，来研究物质及其他形式的能量在最高温度（大爆炸后万亿分之一秒时的温度）下的性质。我们既不能回到过去，也无法直接目睹宇宙历史开端的瞬间，那么就只能在地球上重现一场微型的大爆炸。

在大爆炸后的一瞬间，宇宙中没有任何能够分辨出来的东西，甚至原子都还不存在，整个空间中被高能量子粒子的"浓汤"所填满。当想到一些日常生活中的事物（如棒球或弹珠）时，我们往往能够通过直觉来判断它们可能会有什么样的性质，或者它们相互接触时会发生什么。但在提到电子、光子、夸克和其他种类的量子粒子时，我们会发现自己的直觉往往会失灵，甚至有的时候会很离谱。这样的粒子可以自发产生，也可以自发消失，它们的很多行为是棒球和弹珠永远不会有的。

虽然量子粒子的性质看起来很奇怪，但我们已经探明了它们的本质。量子粒子如同宇宙中的万物一样，遵循着物理学规律——只要有合适的工具，我们就能够学习和理解这些规律。粒子加速器就是物理学家用来探索这些规律的主要工具。

世界上最强大的粒子加速器是大型强子对撞机（简称LHC），它是现代科学技术的奇迹。我和我的许多同事都很难找到合适的词汇来充分地表达我们对于LHC的敬畏之心。我想告诉你它很大，但是"大"这个词很不准确，甚至"庞大""巨大""无边无际"这些词都没法用来形容它。这么说吧，它是人类有史以来建造过的最大、最复杂的仪器。LHC推动着质子束在总长27千米的地下环形隧道（这个隧道从瑞士日内瓦的郊区一直延伸到附近的法国境内，见图4）中穿行，在隧道中，有1 600多个强超导磁体负责加速。这些磁体也不简单，它们是人

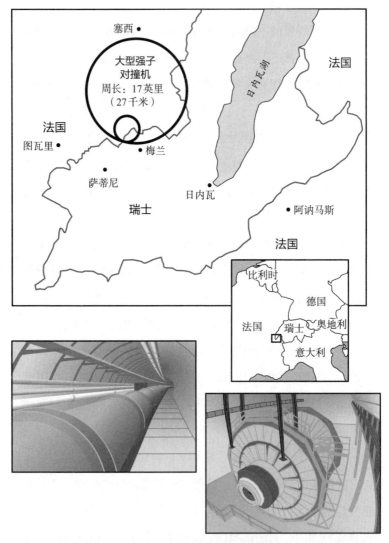

图4　大型强子对撞机在27千米长的环形隧道中推动质子束，将其加速到接近光速。物理学家可以让这些质子碰撞在一起，来研究大爆炸后仅仅万亿分之一秒时发生的各种相互作用

类有史以来制造的磁力最强的磁体。它们当中的大多数自重可达数十吨，能够产生比地球磁场强10万倍的磁场。为了让这些磁体能够正常工作，我们必须为它们提供一个温度仅为绝对零度以上1.9摄氏度的环境，而这需要持续供应近100吨液态氦，这也使得LHC成为世界上最大的低温环境。事实上，在我们的认知中，整个宇宙中可能都没有这么冷，同时还这么大的地方。即便是在外太空的真空中也比这里的温度更高。

当环绕LHC的质子束被其中的磁体完全加速之后，其速度将达到光速的99.999 999%，这是人类有史以来创造出的最高速度。按照这个速度，一个质子每秒大约可以绕LHC总长27千米的隧道运行11 000圈。这些质子集结成束地在隧道中穿行，每个质子束中大约包含1 000亿个质子。在环形隧道上还设置了4个碰撞点，质子束会在这里正面相撞，这会最大程度地增加质子与质子碰撞时产生的总能量。在LHC中，两个质子的单次碰撞就会瞬间在碰撞处集中产生高达13 000吉电子伏特（GeV，表示10亿电子伏特）的巨大能量。

在LHC的4个碰撞点周围各有一个探测器，其作用是测量和记录在碰撞中产生的那些粒子。这些探测器中的每一个都堪称工程学奇迹。长46米、重7 000吨、集21世纪最尖端的材料和电子元件于一身的ATLAS（超环面仪器）探测器就是一例。像ATLAS这样的探测器，可以在一次碰撞的过程中，同时记录数十个甚至数百个光子、电子、μ子以及其他多种粒子从碰撞点向外运动时的能量和动量。

虽然通过碰撞点的质子中只有一小部分会与其他质子发生碰撞，但是这种碰撞仍然会以大约高达每秒7亿次的频率发生。如果LHC的探测器能够记录并保存所有碰撞的相关数据，每秒将会产生大约600太字节（TB）的数据，而这远远超出了现有技术的记录能力。为了解决这一问题，LHC的探测器会运用复杂的算法来实时选择那些最罕见以及最有意义的碰撞过程，然后保留并存储这些重要的数据。总之，在LHC运行的过程中，每秒大约有25吉字节（GB）的数据会被永久存储，而每年存储的数据量大约会有几十甚至几百拍字节（PB）[①]。这些数据存储在由数百个计算设备组成的网络中，这些计算设备分布在30多个不同的国家。

数以千计的粒子物理学家（包括许多研究生以及其他学科的年轻科学家在内）从世界各地蜂拥而至，对这些记录下来的数据进行筛选和处理，希望它们能使人类对宇宙及其物理规律的理解再前进一步。发现一种全新的、未知的物质形式无疑是最为激动人心的时刻，而于2012年被发现的希格斯玻色子

---

① 　1 PB = 1 024 TB，1 TB = 1 024 GB。——译者注

更是将这种兴奋推向了顶点。我们建造LHC这样的仪器就是为了做出这样的发现，并且这台仪器的工作还远未结束。LHC有可能在未来数年乃至数十年间发现很多种新粒子，而希格斯玻色子或许只是一个开头。

发现新的粒子固然重要，但对于LHC这样的仪器来说，精确地验证现有的理论或许也同样重要。在过去的几十年间，主导粒子物理学这一领域的理论是所谓的标准模型。该理论描述了17种已知的基本粒子及其相互作用，并且还提出了一套详细的预测结果，对每种粒子的性质逐一做了说明。迄今为止，该理论的预测结果一直准确无误。以电子的磁矩为例，这一物理量描述的是电子的磁性，其测量值与标准模型预测值的误差在万亿分之一以内，是整个科学史上预测得最精准的量。这种精确度相当于对地球直径预测的误差小于0.01毫米，或是对埃菲尔铁塔质量预测的误差在几毫克之内。

物理学家利用LHC做了大量的测试，运用几千种不同的方式将标准模型的预测值与他们得出的数据进行了比较。通过精确地测量每个已知粒子的产生、衰变以及相互作用方式，我们可以检验标准模型，看它的预测是否正确。直到现在，似乎还没出现过不相符的结果。我们已经从方方面面测试了标准模型的准确性，它似乎能很准确地描述含有数千GeV能量的宇宙。这也意味着，标准模型能很好地描述宇宙在诞生后仅仅万亿分之一秒、温度高达 10^{17} 度时的状态。

  LHC中质子束的相互碰撞和宇宙早期反复发生的粒子碰撞非常相似。通过研究这些高能相互作用，我们可以了解到宇宙初生时期的许多物理规律。此外，粒子在这些仪器中碰撞时的速度越高（更准确地说是能量越高），就越接近大爆炸时的条件。例如，在第一批原子核形成之前（大约是大爆炸后0.01秒），宇宙的温度大约是1 000亿摄氏度。在这种温度下，质子和中子通常会以每秒数千万米的速度（大约是光速的10%）四处飞驰并相互碰撞。20世纪三四十年代的物理学家开始使用早期的粒子加速器（也就是回旋加速器），目的是研究质子和其他粒子以这样的速度进行碰撞时会发生什么。这种仪器让我们得以了解各种形式的物质和能量在大爆炸后0.01秒的高温条件下会有什么样的性质。

  自第一代回旋加速器诞生以来，粒子加速器的功能越来越强大，这使得我们能够重现并研究时间更早、更接近大爆炸时的情况。由LHC加速的质子所携带的能量大约比早期回旋加速器中粒子的能量高出100万倍，因此我们可以依靠LHC来研究更早期的宇宙历史。我们可以观测到，在LHC里的碰撞中会产生大量的粒子，囊括了标准模型描述的所有17种物质和能量形式。这种相互作用使得早期的宇宙被炽热而稠密的量子粒子"浓汤"填满。这些粒子不断地相互作用，并且反复地产生和消失。通过研究LHC中粒子的碰撞，我们不仅了解了今天的世界中物质和能量的性质，还了解了一百多亿年前，也就是大爆炸后万亿分之一秒时物质和能量的性质。

如果不讨论那个时期充满了整个空间的奇异的物质形式，就完全无法讨论宇宙初生时刻的问题。要了解时间诞生之初的事情，我们需要大概了解一下在宇宙历史的不同时期出现的各种量子粒子。

首先我们假设有这么一盒电子。盒子是完全绝缘的，电子无法逃逸，也不会与外界有任何物质和能量交换。如果把盒子里的东西换成生活中常见的物品，就拿棒球来举例吧，你可以确信盒子里的物品数量不会发生变化。它们可能会在盒子里相互碰撞，重新分配能量和动量，但是如果你一开始往盒子里放的是10个棒球，那么盒子里棒球的数量永远都是10个。

但是电子可不是棒球。我们对棒球这种物体的直觉来源于数百万年的自然选择以及我们在日常生活中积累的经验。就算你从来没有上过物理课，你在看到棒球飞向右外场的时候也能准确地判断出它落地的时间和地点。我们的物理直觉相当强大。然而，我们却不能凭借这种物理直觉去理解电子或其他量子粒子的性质。我们的祖先并没有用电子来狩猎，我们也不是从小玩夸克长大的。由于无法再依靠这种信赖已久的直觉，我们眼中的量子粒子就变得很奇怪了——它们呈现出的样子几乎与我们所想的完全不同。

一盒低温状态下的电子最符合我们的直觉——至少是相对符合。在这种情况下，盒子里的电子总数将保持不变，所以至少在这一方面我们的直觉是正确的。但即便是在低温下，电子也会辐射并产生光的粒子——光子。因此随着时间的推移，这个一开始只装着电子的盒子里会变成同时装着电子和光子的盒子。

在这种情况下，电子的数量保持不变的原因是，每个电子都带有电荷，并且我们知道，电荷永远不会凭空产生或消失。如果盒子里电子的总数发生了变化，那么电荷的总量就会改变。而光子不带电荷，因此可以自由产生或消失。

而在一个温度更高（这也就意味着粒子含有的能量更高）的盒子里，事情会变得更加有趣一些。根据爱因斯坦的方程 $E = mc^2$，两个具有足够大能量的光子可以通过相互碰撞将它们的能量转化为质量，创造出全新的物质粒子。在这样的碰撞中，原先的光子会消失，取而代之的是一对新的粒子，比如一个电子和它的反粒子，也就是正电子。如果把我们的类比延续下去的话，那么这就相当于一对弹珠在碰撞之后突然消失，并且突然出现一对棒球，或者更准确地说，是一个棒球和一个反棒球。

　　从大多数方面来看，正电子和电子很像。它的质量和电子一样，并且同样带电荷。两者之间关键的区别在于，电子带负电荷，而正电子带正电荷。自然界中的每一种粒子都有一种相应的反粒子——质量相同，但是电荷以及其他量子特性相反。比如质子和反质子，μ子和反μ子，等等。唯一的例外是那些不具备可以改变符号的量子特性的粒子，比如光子，它就没有电荷或是其他类似的物理量。因此，与光子相对应的反粒子就是光子本身。

　　所以在这个温度较高的盒子里，不仅光子的数量会改变，电子和正电子的数量也会改变。只要电子数减去正电子数的数值保持不变，就能满足电荷守恒。这样一来电子就同样可以自由产生或消失，只要正电子也同时产生或消失就行，它们可不会形单影只地出现。如果我们让盒子的温度变得再高一点儿，就会开始产生其他种类的粒子——从成对的μ子和反μ子开始，一直到希格斯玻色子以及顶夸克。

　　为了了解一组量子粒子如何随时间演化，我们需要理解这些粒子是如何相互作用的。当两个棒球相撞时，它们会弹回去，但仍然还是两个与之前相同的棒球。可是当两个光子相撞时，我们得到的结果既有可能是两个光子，也有可能是三个，甚至16个都有可能。如果相撞的光子带有足够高的能量，那它们就能转化成其他种类的粒子，比如电子和正电子等。量子粒子的行为与日常生活中的物体不一样，它们遵循的规律与我们直觉中的规律完全不同。但是它们确实遵循着某些规律。通过建造粒子加速器以及进行别的科学实验，我们发现了许多这样的规律，这些规律适用于不同的温度以及其他条件。根据这些信息，我们已经能够重建一个被称为宇宙的盒子，探索其中的粒子如何随着空间的膨胀和冷却而发生变化。

在大爆炸后的万亿分之一秒，整个宇宙中充满了炽热而稠密的能量等离子体。整个空间的温度超过 10^{16} 摄氏度，比太阳核心处还要热10亿倍。像这样的条件在现在的宇宙中已经基本上找不到了，但这正是我们能在LHC中创造并进行研究的条件。

表1   构成粒子物理标准模型的物质和能量的17种基本形式

		质量	电荷	色荷
轻子	电子	0.005 4个质子质量	有	无
	μ子	0.11个质子质量		
	τ子	1.9个质子质量		
	电子中微子	$<10^{-10}$个质子质量	无	无
	μ子中微子	$<10^{-10}$个质子质量		
	τ子中微子	$<10^{-10}$个质子质量		

（续表）

		质量	电荷	色荷
夸克	上	0.002个质子质量	有	有
	下	0.005个质子质量		
	奇	0.10个质子质量		
	粲	1.4个质子质量		
	底	4.5个质子质量		
	顶	185个质子质量		
玻色子	光子	0	无	无
	胶子	0	无	有
	W玻色子	86个质子质量	有	无
	Z玻色子	97个质子质量	无	无
	希格斯玻色子	133个质子质量	无	无

　　那么，LHC向我们揭示的宇宙在大爆炸后万亿分之一秒的原始状态是什么样的呢？首先，那时的宇宙中已经含有了所有已知的物质和能量形式，即标准粒子模型中的每一个粒子以及它们对应的反粒子，并且数量还很大。其中不仅包括光子和电子，还有许多其他不太为人所知的粒子，例如μ子和τ子，它们很像电子，但是比电子更重，并且很不稳定。此外，还有三种超轻的电中性粒子，也就是中微子。这些中微子和电子、μ子、τ子合在一起，统称为轻子。与这6种轻子相对应的是另

外6种被称为夸克的粒子。除了电荷之外，夸克还携带一种"色"荷，不过这与可见光那种颜色可不一样。粒子的电荷会让它受到电磁力的作用，而粒子的色荷则会让它受到强力的作用——强力将夸克结合在一起形成了质子和中子，并且将质子和中子束缚在原子核内。

曾经充满整个空间的超热原始等离子体中包含所有的轻子、夸克以及其他所有已知的粒子，并且数量惊人。这片等离子体的能量密度大致相当于超过10^{36}千克每立方米。这个密度是什么概念呢？大概是把整个太阳压缩成一个弹珠那么大，或者是把地球压缩成一个直径为0.1毫米的球体。在炽热且稠密的条件之下，每个粒子都在不断地被轰击，又冲向其他粒子。在某些情况下，两个粒子只是简单地弹开，但是在更多的时候，原先的粒子会消失，并转化为其他形式的能量。在这一时期，这种相互作用发生得实在太过频繁，以至于所有的粒子都无法存活太久。哪怕是在不到万亿分之一秒这么短的时间里，某个粒子所具有的能量都会变化万亿次形式。以电子形式存在的能量可能会转化为光子，然后转化为希格斯玻色子，再转化为顶夸克，就这样一直不停地转化。这个年代没有什么永恒的概念，一切都是转瞬即逝。

在宇宙初生的那段时期，空间以极快的速率膨胀。从大爆炸后万亿分之一秒到十亿分之一秒，宇宙的体积增加了大约3

万倍，同时温度下降到1/30。在任何一个瞬间，就在比眨个眼还短的时间里，一切都会发生天翻地覆的变化。空间的变化一直持续，从不间断。

随着空间的膨胀和冷却，某些类型的粒子开始从宇宙中消失。在已知的粒子中，数量最先锐减的是顶夸克——这种粒子是由费米国家加速器实验室（我自己的大部分研究都在这里进行）于1995年发现的。在所有已知的基本粒子中，顶夸克是最重的，一个顶夸克的质量大约是质子的185倍，是电子的36万倍。在大爆炸后万亿分之一秒内发生的碰撞中，通常还有足够的能量能让碰撞的粒子转换成一个顶夸克和一个反顶夸克。但是到百亿分之一秒，温度就降下来了，以至于旧的顶夸克消失的频率超过了新的顶夸克产生的频率。而到了大爆炸后十亿分之一秒时，顶夸克、希格斯玻色子、Z玻色子和W玻色子在整个宇宙中都变得十分稀缺。

随着时间的推移，宇宙中粒子的组成继续发生着变化和演化。最重的物质形式开始消失，其他的变化很快接踵而至。例如，这个时候夸克和胶子都还是自由粒子，也就是说夸克和胶子能够自己在空间中运动，与其他形式的物质和能量相互作用，就像其他任意一种粒子一样。但到了大爆炸后十万分之一秒，这些粒子开始无法避免地相互吸引。自由夸克的时代要结束了。在不到一毫秒的时间内，所有的夸克和胶子都结合到一起变成了一些小的团块，形成了像质子、中子和 π 介子这样的复合粒子。

这种从自由夸克和胶子组成的等离子体到束缚粒子组成的气体的变化是一种急剧的转变，它将我们的宇宙变为一种几乎无法辨认的状态。就像早期宇宙的其他时代一样，我们对这种转变的了解大多来自粒子加速器。为了重现早期宇宙中夸克-胶子等离子体的状况，物理学家往往不会使用质子，而是加速像铅或金这样较大的原子核，让它们进行碰撞。物理学家通过加速这些大的原子核，可以让数百个质子和中子同时碰撞，创造出满是高密度粒子和能量的微型火球。在 LHC 和位于纽约的相对论性重离子对撞机（RHIC）工作的物理学家确实能够制造出充满夸克-胶子等离子体的小火球。这些火球内部的温度大约是 4 万亿摄氏度——这和大爆炸后 0.02 毫秒时宇宙中的温度差不多。

我们通过加速器中的实验了解了早期宇宙中物质和能量的很多性质。根据这些实验的结果，我们已经描绘出了宇宙历史中的很多个时期，可以一直向前追溯到大爆炸后的万亿分之一秒。不过，尽管这些实验很实用，但它们也有局限性。早期宇宙中可能还有一些我们目前还不知道的重要事件，而这些事件无法通过 LHC 发现（因为 LHC 也会有盲点）。在大爆炸后最初的那段时间里，可能还存在一些算得上司空见惯的物质和能量的形式，但是我们至今尚未发现它们。加速器能够让我们了解到有关宇宙早期历史的许多事情，并且确实已经做到了这一点，但是它们不一定能揭示全部的真相。

LHC能使粒子以巨大的能量碰撞到一起，在这一方面，它确实能够再现早期宇宙的条件。但是在其他方面，LHC所创造的环境与宇宙初期的环境完全不同。其中最重要的一方面就是，LHC中的碰撞次数比起实际情况来还是太少了。

在这里说"少"这个词好像挺奇怪的，毕竟在这台仪器中，每秒钟发生碰撞的质子可达7亿个，迄今为止已经有1亿亿（10^{16}）个质子在其中发生过碰撞。这怎么看都不是一个小数目，但是与早期宇宙中的粒子碰撞次数相比，这个数字实在是太小了。

想象一个大爆炸后万亿分之一秒时出现在宇宙中的电子。在那个时期的条件下，这个电子平均每10^{-30}秒就会与另一个粒子发生相互作用，而这有可能会导致它变成另一种粒子。新的粒子又会在10^{-30}秒后继续发生碰撞，并且有可能再次发生变化。以这个速率，在短短的万亿分之一秒内，每个粒子大约都会发生10^{18}次相互作用，比LHC中发生过的所有碰撞加起来还要多。这意味着，在早期宇宙中可能存在着一些相对普遍的相互作用，但它们同时又非常罕见，起码我们在LHC中见不到它们。这种相互作用在宇宙形成的过程中可能发挥了重要的作用，它们不仅可能影响曾经存在过的物质和能量的形式，而且还可能潜移默化地影响空间本身的扩张和演化。

从电子到希格斯玻色子，每一种物质和能量的形式都曾对宇宙的历史产生过影响。如果目前已知的粒子中有任何一种没有存在过，那么我们的宇宙的膨胀和演化方式都可能完全不同，尤其是在大爆炸后的宇宙初生时期。另一方面，如果有一种我们尚未发现的粒子曾经存在过，那么它肯定也对宇宙的初生时期产生了一些影响。正因如此，宇宙学家常常会想象出（提出或假设）一些新的粒子，并研究它们对宇宙会产生何种影响。

那我们就本着这种精神，想象一种我们还从来没有在LHC或其他科学实验中发现过的未知粒子吧。我们甚至还可以给这种神秘的粒子起一个名字，暂时就叫"谜子"吧。我们可以从加速器的实验中发现，粒子在碰撞时会转化为其他形式的物质，比如夸克、光子、中微子等。谜子有可能也是在这些碰撞中产生的（虽然它与其他粒子的作用方式可能多种多样）。但是由于在LHC中找不到谜子，因此能够产生这种粒子的相互作用一定非常罕见，可能需要LHC运行几百年的时间才能产生第一个谜子。然而即便如此，这样的相互作用在早期宇宙中也会发生很多次。并且在每一次这样的相互作用过程中，宇宙的一小部分能量会被转移到规模逐渐扩大的一大片谜子之中。

如果这些新粒子与我们已知的粒子在性质上相似，那么它们就会在早期宇宙中与周围的粒子反复相互作用，并且迅速达到平衡状态，即以同样的频率产生和消失。但是由于产生谜子的相互作用过于罕见，因此谜子与已知物质形式的其他相互作用也将是极为罕见的。与其说谜子是由不断相互作用的粒子组成的等离子体的一部分，不如说谜子更像是幽灵——它们不会与周围的物质和能量发生相互作用，而是孤独地在空间中穿行。

标准模型中包含三种幽灵一样的粒子——中微子。现在，每秒钟大约会有100万亿个中微子穿过你的身体，这里面的大部分都是太阳核聚变的副产物。这些超轻的粒子对你的身体和健康几乎不会产生任何影响，因为它们很少与其他粒子发生相互作用。事实上，这些粒子可以穿过整个地球且不会引发什么明显的效果。对于中微子来说，物质几乎就像不存在一样。

然而，情况并非总是如此。在早期宇宙中的高温下，中微子遍布整个空间，并且经常与许多其他已知粒子发生相互作用。这并不是因为当时的中微子与现在的中微子有很大的不同，而是因为当时它们周围的粒子密度实在是高得惊人。正如现在一样，当时的大多数中微子差不多也是要穿过相当于许多个地球那么多的物质之后才发生一次相互作用。但是在大爆炸后十亿分之一秒时，物质密度实在是太高了，每立方厘米空间中包含的能量都差不多相当于一个地球的质量。在如此之高的密度之下，哪怕是中微子也会不断遭受周围大量粒子的轰击。

然而，随着宇宙的膨胀和密度的降低，中微子与周围的物质和能量之间的相互作用越来越少。最终，大约在大爆炸后一秒钟左右，这种相互作用停止了。自那以后，中微子基本上不会再与周围的物质和能量发生联系，在空间中可以说是畅行无阻。在过去的138亿年里，随着空间的膨胀，这些中微子逐渐冷却，不会引起任何变化，就像是幽灵。就像充满了整个宇宙的光子背景（宇宙微波背景）一样，低能中微子其实同样遍布整个空间。不过宇宙微波背景是在大爆炸38万年后才形成的，而这些遗留下来的中微子要古老得多，它们从宇宙诞生后一秒钟起就已经在太空之中来去自如了。

现在再把目光放回到之前假设的谜子。如果这种粒子像中微子那样足够稳定，那它们就有可能直到今天还在我们的周围存在着，充斥着整个空间。如果它们足够重，那么这些粒子就有可能是暗物质的组成部分，甚至就是暗物质的全部。但是如果它们比较轻，那它们就有可能像光子和中微子那样，形成另一种宇宙背景。在现代，这些宇宙背景对宇宙的演化几乎没有什么影响，但是之前的情况可不一样。根据广义相对论的推论可知，空间中存在的能量越多，空间膨胀的速率就越快。如果有一群谜子从大爆炸一直存续至今，那么这些粒子中储存的能量会导致宇宙膨胀得比现在我们所估算的更快，尤其是在宇宙诞生后的前10万年中。

为了验证在宇宙诞生后的10万年里是否存在谜子或是其他粒子，宇宙学家对宇宙微波背景展开了详尽的测量和研究。这种光的模式中所包含的信息可以用来确定宇宙在最初几十万年里的膨胀速率，从而间接地测量以光子、中微子以及其他质量较轻或是高速运动的粒子的形式存在的能量有多少。我们最近的精确测量结果表明，这类粒子的总能量与我们之前估算的以光子和中微子的形式存在的能量相差无几，误差大约在5%左右。换句话说，尽管这一时期可能真的出现过谜子，但即使出现过，它们也只占到总能量的很小一部分。

就在我写下这段文字的同时，观测宇宙学家们仍在努力设计新的实验并将其付诸实践，以便更加仔细地对宇宙微波背景进行测量。目前来看，这些努力能够将观测结果的误差缩小到大约十分之一。这就意味着，如果宇宙的总能量中不包含其他未知的光或粒子，那么这一测量的最终结果与光子和中微子的估算值应该只会相差不到0.5%。但是，如果真的存在LHC由于盲点而无法发现的粒子（比如我们刚刚假想的谜子），那么这些即将完成的观测就能够很好地检验它们对宇宙的演化和历史产生了哪些微妙的影响。

　　我们通过LHC和其他粒子加速器了解了宇宙的很多早期历史，但它们无法告诉我们关于大爆炸后一瞬间填满了整个空间的物质和能量形式的一切。而最重要的是，LHC可能对宇宙诞生后万亿分之一秒之内的事情一无所知。我们只能建造更大更强的加速器，才能对这些最早的瞬间进行探索。尽管LHC在许多方面都提供了丰富的信息，但它还是没能告诉我们暗物质的本质，也没能解释为什么宇宙中的物质如此之多而反物质却如此之少。有关暗能量和暴胀的问题，LHC也完全没有解答。面对这些宇宙的奥秘，我们还要不断地建造并使用新的加速器和望远镜，把时间向前推得更远，探索更早的时期，更加深入地观察宇宙历史最初的时刻。

6

万物起源

> 我……是一个由原子组成的宇宙，也是宇宙中的一个原子。
>
> **——理查德·费曼**

在过去的几十年间，宇宙学家已经发现，宇宙中的大部分能量是以暗物质和暗能量的形式存在的。然而，这些物质与我们的日常生活却没什么关系。我们触碰不到暗物质，也看不见暗能量——至少无法直接感受到它们的存在。我们自己也不是由这些神秘的物质构成的。凡是我们能够直接感受到的物体，都只由一种东西组成，那就是原子。

虽然我们对于原子的了解大多属于化学的范畴，但宇宙学家也在这种构成物质的基本要素的身上花了挺多心思。不过化学家研究的是原子具有什么性质，又是如何结合在一起形成分子的，而宇宙学家更关心的则是它们最初是如何产生的。事实证明，在所有关于宇宙的问题中，原子的基本成分（夸克和电子）如何产生以及为何产生是最令人困惑的。

每一本宇宙学的教科书都会花费一章甚至更长的篇幅，来讲述大爆炸后第一个瞬间夸克和电子的产生。里面所涉及的计算乍一看似乎相当简单。我们知道如何计算在宇宙的早期存在多少夸克，以及夸克的数量如何随着宇宙的膨胀和冷却而发生变化。我们还可以计算这些夸克是在什么时候三个三个聚成一组，形成了第一批质子和中子的。这应该不是一个多难的问题。

然而它确实很难。我们在进行这些计算时会发现，从计算结果来看，宇宙在大爆炸之后根本不会演化成我们现在生活的这个充满原子的宇宙。相反，从这些结果推导出的结论是，在大爆炸之后最初的那段时间里只有很少的夸克和很少的电子能幸存下来。也就是说，根据数学原理，这个世界本应没有原子。

出现这个问题并不是因为我们在计算的过程中犯了什么错误，没有哪个人看漏了一串0前面的1。我们应该意识到的是，今天的宇宙中含有大量原子这一事实表明，我们对大爆炸的了解不够完整。在宇宙初生的那一瞬间，一定有什么目前我们还没能通过实验观测到的物质和能量形式曾经存在过。它一定曾经主导过某个历史性大事件的走向，而我们至今仍然对这一事件一无所知。这一论断必然正确，因为如果没有发生过这种事情，我们就不可能出现在这个世界上。

　　物理学家通过运用LHC等粒子加速器，已经了解了早期的宇宙在高温之下是什么样子——充斥着整个宇宙的是一锅浓汤，汤里面包含着每一种已知粒子。这里面不光有电子、夸克、中微子这样的物质粒子，同时还有反物质粒子，比如正电子、反夸克、反中微子等。根据我们目前所掌握的知识，物质和反物质必然会成对产生，也会成对消失，它们的命运紧密地交织在一起。

　　物质和反物质之间的这种关系使我们周遭的世界变得很难理解。毕竟，如果这个宇宙中曾经充满物质和反物质，并且它们总是伴随着对方一起产生和消失，那我们就不禁要问出这样的问题：为什么在我们现在生活的这个宇宙里，到处都是大量的物质，而反物质却如此之少呢？那些本应存在的反物质哪去了？为什么现在存在的这些物质没有跟着那些反物质一起消失？

　　根据在LHC和其他科学实验中了解到的情况，我们可以估计，在宇宙最初的那一瞬间，夸克和反夸克对（以及其他的物质–反物质对）应该就已经几乎完全从宇宙中消失了。根据我们对宇宙及其物理规律的了解，物质-反物质对消失的频率应该远高于新的物质-反物质对产生的频率，因此这些粒子（所有的物质和反物质）在大爆炸的高温之下不可能幸存下来。然而还有不少物质幸存下来了。不知怎的，某种未知的机制或事件干预了这个过程，避免了这一结果的出现。确切地说，一定是那锅原始的汤里面发生了什么，导致了物质的总量比反物质略微大一些。如果这种不平衡的状况在宇宙历史中足够早的时期就已建立，那么即使只是非常小的不平衡，也足以解释为何今天的世界变成了这副模样。每 10 000 000 001 个物质粒子对应 10 000 000 000 个反物质粒子这样的不对称性，就足以让一小部分物质完好无损地幸存下来，而这一小部分物质已经足够演化出今天的宇宙。

尽管我们仍然还在探索物质和反物质之间这种微小的不平衡何以存在，不过这种不平衡在某种程度上也给了我们一个重要的暗示：在大爆炸后的一瞬间，一定有某种粒子曾经存在过，也一定发生过某些事件。如果不是这一未知而神秘的机制，我们的宇宙中就基本上不会包含原子了。没有原子就不会有气体和尘埃，也不会有星系、恒星和行星；不会有化学反应，也不会有生命，更不会有我们。

物质和反物质之间的关系深深地嵌入了宇宙的结构中——我

们这个世界的量子规律只有在物质和反物质都存在的情况下才有意义。这种对称性是宇宙及其物理规律的核心。

在过去的半个多世纪里，理论物理学家已经发现了对称性的强大威力，并且开始运用对称性来构建理论，成功预测了许多后来在加速器中产生并被发现的粒子。理论物理学家们描述了希格斯玻色子、顶夸克、W和Z玻色子以及其他多种粒子，并早在这些粒子在实验中被观察到之前很久就详细地预测了它们的性质。对这些物理学家来说，是他们的理论背后的数学结构断定了这些新的物质形式必然存在。虽然构成现代粒子物理学基础的理论不能解决我们想问的有关宇宙的所有问题，但它们已经让我们一次又一次地预测了那些未曾观测到的现象，而这些现象又会在随后的实验中得到验证。这些理论确实强大有力。

这与科学史上大部分时期的情况都大不相同。牛顿没有通过数学论证来预测引力必然存在，而是指出引力理论能够解释现有的行星运动和自由落体的观测结果。类似地，爱因斯坦也没有从逻辑上推导光波必定要分解成单个光子，而是认为如果的确如此的话就能够解释光电效应的观测结果。这些物理学家以及其他同时代的许多物理学家总是致力于寻找新的、更可信的方式，来解释之前某些实验的结果。他们从不预测那些还没有在实验中出现过的现象。

就我了解的科学史而言，物理学大概从1928年左右开始背离这一趋势。就在那一年，一位名叫保罗·狄拉克的年轻理论物理学家首次发现了量子力学（当时还是一门新兴理论）里隐藏在数学中的某种东西。在狄拉克看来，这些方程清楚地表明，只有另一种粒子存在的情况下，电子才能够存在，这种粒子与电子很像，但是带正电荷。尽管这些粒子从未在任何实验中被观察或探测到，但是它们的存在似乎是宇宙结构带来的必然结果。在狄拉克之前，从来没有人曾在没有观测到过的情况下，预测过某种物质的基本组成部分。在物理学家发现电子、质子、中子和光子产生的效应之前，没有人预言过它们存在。狄拉克打破了这种倾向，大胆地预言了一种全新物质形式的存在，而他这时还没有见过这种物质，甚至没有看到过它引发的任何效应。他预言的就是我们现在所说的反物质。

在仅仅4年后的1932年，物理学家第一次观测到正电子（也就是电子的反物质），证实了狄拉克的预言。在20世纪50年代，物理学家凭借粒子加速器第一次产生并观测了反质子和反中子[①]。现在，我们认识到，所有形式的物质都有对应的反物质，

① 你可能会感到奇怪，中子不是电中性的吗，怎么会有反物质呢？如果反中子存在，中子和反中子不都是带零电荷吗？其实它们的不同之处在，一个中子由三个夸克组成，它们的带电量分别是−1/3、−1/3、+2/3；而反中子的三个夸克带电量分别是+1/3、+1/3、−2/3。

这种关系是建立在量子世界基础上的基本对称性。宇宙的逻辑结构规定了物质和反物质的存在。

反物质长期以来一直令宇宙学家着迷，却也让他们困惑。我们对这种神秘物质的一切认知都表明，它与物质处于同等的地位。反粒子与粒子质量相同，产生和消失的方式相同，参与的相互作用相同，在其他的方方面面（除了相反的性质之外）也几乎完全相同。正是因为它们如此相似，我们才很难理解，为什么在现在的宇宙中，其中一种比另外一种多出来这么多。

到目前为止，我一直在断言我们的宇宙中反物质很少，好像这是一个显而易见的事实。但是我们对这一点真的很确定吗？起码在地球上，我们可以相当肯定地说，反物质是极其稀少的。真是谢天谢地，因为一旦反物质和物质接触到一起，它们就会立刻湮灭，然后释放出它们所有的能量。虽然单个反物质粒子（比如LHC中产生的那些）没有什么危害，但不能忽视的是，这种东西一旦累积到一个宏观的数量，就会具有极大的破坏性。例如，一克反物质就足以产生超过2万吨TNT当量的爆炸——这相当于在广岛和长崎爆炸的那两颗原子弹释放的能量。

但是即便地球附近几乎没有什么反物质存在，我们就能确定宇宙中的其他地方也不存在大量的反物质吗？要排除这种可能性非常困难。在发现反物质之后的几十年间，许多物理学家都认为宇宙中物质和反物质的数量是相等的。可能我们只是碰巧生活在一片由物质主导的区域内,但是宇宙空间里可能存在其他由反物质主导的区域。如果确实存在这样的区域,那么也许整个宇宙中包含的物质和反物质的数量是相同的,我们眼前的谜团也就迎刃而解了。

如果这些反物质区域的确存在,它们看上去会是什么样子的呢?在孤立的情况下,反物质的性质与普通物质完全一样。在宇宙中的某片区域(在离我们非常远的地方)内可能存在大量的反质子、反中子和正电子,同时也不存在质子、中子和电子,因此它们不会湮灭。这些粒子会结合到一起,形成所有已知的原子和分子的反物质版本,它们会发生与普通物质一样的物理和化学反应以及其他变化。在这里,反物质可能会形成恒星、行星和星系,甚至可能还会形成生命。反物质恒星或是反物质星系产生的光,与任意普通恒星或星系产生的光是完全无法区分的。[①]下一次仰望星空时,你可以想一想,其中的一些星星可能就是由反物质组成的。在所有物体完全孤立的情况下,我们无法确定这一点。

然而,实际上并不存在完全孤立的区域。没有哪个恒星或

---

① 与大多数其他种类的粒子不同,光子不带电荷,也没有其他类似的性质,因此它的反粒子就是自身。0的相反数还是0,因此反光子与光子是完全相同的。

星系是真正完全独立存在的。天体物理系统之间一直在来回传递物质。在任意时刻，宇宙中都有无数的星系正在相互碰撞或合并，甚至我们自己的银河系也会在大约40亿年后与最近的邻居仙女星系发生碰撞。如果一个由物质组成的星系与一个反物质星系发生碰撞，那将会产生自大爆炸以来最剧烈、最具破坏性的事件。不用说，这样的事件（如果真的发生过的话）一定是极其罕见的。

　　天体物理学家考虑这个问题没有那么极端，他们使用X射线和伽马射线望远镜，来寻找那些有可能与物质相互作用并湮灭的适量反物质的特征。但是到目前为止，他们仍然没有找到宇宙中可能存在大量反物质的证据。我们的宇宙确实是由物质主导的，反物质只是以极少的数量存在着。就算反物质恒星或反物质星系真的存在，那它们也一定非常罕见，并且距离我们非常遥远。

　　在我们的宇宙中，物质远远多于反物质，这一事实与物理学家从加速器实验中了解到的一切物质与反物质的性质背道而驰。由于某些我们尚不清楚的原因，它们并没有在早期宇宙中完全相互湮灭。不知道为什么，最终物质莫名其妙地比反物质多了很多。

　　但这是怎么一回事呢？在宇宙历史中的第一个瞬间到底发

生了什么，使得物质（包括恒星、行星和生命在内）的存在成为可能？坦白地说，我们真的不知道。这是一个悬而未决的问题，也是宇宙学中最迷人也最重要的问题之一。

有一点需要明确一下，对于宇宙为何被物质而不是反物质所主导，我们并不是毫无头绪，物理学家提出了很多解答这个问题的想法。像许多其他理论宇宙学家一样，我偶尔也会写一篇论文，指出这一现象是如何发生的。科学期刊上充斥着成千上万篇这样的论文。问题在于，我们无法判断这些想法中哪一个（如果真的有的话）是正确的。我们就像是一群侦探，正在猜测一起悬案背后的真凶——也许是张三，也许是李四，总之有无数多个嫌疑人。找出一个嫌疑人很容易，但是没有证据，就不可能破案。

关于早期宇宙中物质何以占了上风这个问题，我们的嫌疑人名单很长，但是其中任何一个都没有充足的证据。不过，所有的这些想法至少有一个共同点，它们都建立在安德烈·萨哈罗夫（Andrei Sakharov）的工作基础之上，他是一名苏联物理学家、社会活动家、核工程师。

和许多取得杰出成就的科学家一样，萨哈罗夫的学术生涯并非一帆风顺。在1947年取得理论物理学博士学位之后，他开始投身于苏联的核武器计划，为苏联的第一个核武器（一个类似于长崎原子弹的钚核弹）做出了重大贡献。但是仅凭这颗原子弹，苏联尚不能与美国平起平坐，于是萨哈罗夫成为苏联开发破坏性更大的武器的领军人物。最终，苏联在1961年试爆了5 000万吨当量的氢弹——"沙皇炸弹"。

与同时期从事核武器研究的许多其他科学家一样，萨哈罗夫对于自己的工作在伦理和政治上造成的影响越来越担忧。20世纪50年代末，他在政治上变得活跃起来，开始倡议反对核武器扩散以及停止大气层核试验，并且在1963年《部分禁止核试验条约》的签署中发挥了重要作用。萨哈罗夫认为，核武器和热核武器的存在需要引起极大的谨慎和警惕——比任何一个超级大国所表现出来的都要更加谨慎。历史长河中充斥着人类愚蠢的错误，但是这次情况不一样了，这是人类第一次获得毁灭整个人类文明的能力。

出于这些原因，或许也还有什么别的原因，萨哈罗夫决定将科学研究转向更加和平的领域，于是他开始尝试转行做一名粒子物理学家和宇宙学家。然而那时的萨哈罗夫已经40多岁了，与理论物理的前沿发展脱节了20多年。他的大多数同事甚至根本没把他当作一个理论物理学家，而是认为他是一个发明家，或是工程师。往客气了说，在这种情况下，一个人能对基础物理学做出重大贡献的可能性也是微乎其微。没有人能想到，萨哈罗夫会彻底改变我们对宇宙初生时刻的看法。

当萨哈罗夫于20世纪60年代中期重返物理学研究时，宇宙学正日趋成熟。1964年宇宙微波背景的发现，把大爆炸理论从一个疑点重重的想法升格成为主流科学备受瞩目的支柱。在同一时期，粒子物理学也在蓬勃发展，所谓的规范理论带来了振奋人心的力量。在短短几年的时间内，这类理论就被用来预测夸克和希格斯玻色子的存在，并且为粒子物理标准模型的构建提供了基础。无论是对宇宙学还是粒子物理学来说，那都是一段黄金时代。

然而，虽然这两个学科不断地取得进展，但二者之间却毫无联系。大多数宇宙学家对粒子物理学的发展知之甚少，一个典型的粒子物理学家对宇宙学所取得的进展也几乎一无所知，甚至可能抱着怀疑的态度。如果你是一名粒子物理学家，你可能不会读任何有关宇宙学的论文，也不会参加宇宙学相关的学术会议，反之亦然。我猜测，两个领域间的隔绝状态可能就是萨哈罗夫在那个时代能够取得成功的一个重要原因。在远离物理学术界20年之后，他对自己应该投身于什么研究方向没有别人那种先入之见。因此，萨哈罗夫既能够写出并发表有关强力的新理论（即量子色动力学）的论文，也能写出广义相对论的论文，还能写出关于物质分布如何随着空间膨胀而演化的论文。他不是粒子物理学家，也不是宇宙学家。正因如此，他才能同时拥有这两种身份。

萨哈罗夫对基础物理学最重要的贡献是在一篇奇特的论文中提出的，当时几乎没有粒子物理学家或宇宙学家能想到可以这么写论文。作为一名粒子物理学家，他知道宇宙结构中物质和反物质之间具有对称性。和其他宇宙学家一样，他也明白在大爆炸的超高密度条件下，物质和反物质会相互湮灭，从而留不下任何东西以形成宇宙中的原子。尽管在大爆炸之后，物质和反物质的数量一开始应该是相等的，但是很显然，宇宙以某种方式从那个状态过渡到了一个物质比反物质更多的状态。萨哈罗夫为解释这种转变何以发生打下了基础，他对这个问题的了解比其他任何人都要深。

在1967年发表的一篇短论文中，萨哈罗夫列出了三个条件，并且证明了必须满足这些条件，才能使物质和反物质完美平衡的状态转换为由物质主导的状态。在技术上详细描述它们十分复杂，不过我们可以将它们大致改写成这样：

1. 粒子之间一定存在某种相互作用，这种相互作用能够改变夸克总数减去反夸克总数的数值；

2. 在这些相互作用中，自然界必然偏向于创造物质而不是反物质，或是消灭反物质而不是物质；

3. 在早期宇宙的某一时刻，在特别极端或迅速变化的条件之下，这些相互作用一定有发生的可能。

我们能从萨哈罗夫的条件中得到哪些结果？这些条件又揭示了宇宙的哪些奥秘呢？事实上，在宇宙最初的那一瞬间，这些条件被满足的方式可以有很多种，而我们掌握的信息太少，几乎无法区分这些可能性。但即便如此，萨哈罗夫列出的这些条件还是为我们提供了一些有价值的见解，让我们了解了宇宙初生时期那些一定发生过的各种相互作用，以及必定存在的条件。

萨哈罗夫最杰出的学术论文在发表之后的几年时间里都没有引起多少物理学家的注意。在头十年里，这篇文章只被引用过几次。但从20世纪70年代末开始，越来越多的粒子物理学家和宇宙学家开始认识到萨哈罗夫提出的问题的深刻意义，以及由他提出的三个条件到底暗示着什么。在接下来的几十年里，有成千上万篇论文以这些见解为基础进行扩展，在这些论文中时常有人提出具体的方法来满足萨哈罗夫的三个条件。物理学家现在使用"重子生成"（重子即由三个夸克组成的粒子）这个词来指代从物质和反物质平衡的状态到由物质主导的状态的转变。今天，我们仍然不知道重子生成在宇宙中是如何发生的。但我们知道的是，萨哈罗夫在20世纪60年代提出的三个条件通过某种方式得到了满足。这一事实为我们提供了一些极有价值的线索，让我们能够了解宇宙最初如何演化，以及那个原始时代存在着什么样的物质和能量形式。

*　　*　　*

在萨哈罗夫列出的三个条件中，第一个是最好理解的——甚至有些人认为这条是显而易见的。要将一个包含相同数量的夸克和反夸克的世界转变为一个只有夸克的世界，那么就一定要有夸克数量的净增长或是反夸克数量的净减少这样的过程。话虽如此，还没有人发现能够实现这一点的相互作用，并且在萨哈罗夫那个时代，许多物理学家理所当然地认为这种相互作用不可能存在。首先，如果可以在不消灭反夸克的情况下消灭夸克，那么像质子这样由夸克组成的粒子就也有可能发生衰变。换句话说，萨哈罗夫的第一个条件隐藏的含义是，宇宙中的每一个原子从根本上都是不稳定的——至少是有那么一点点不稳定。即便是原子也无法永存。

有趣的是，另一种观点在几乎同一时间被提出，它似乎暗示着夸克与反夸克一定能够通过某种方式不成对地产生或消失。这个观点与黑洞有关，也就是著名的"黑洞无毛定理"。简而言之，这个定理的内容是，任意一个黑洞都可以用三个量唯一确定：质量、电荷、旋转速度。这意味着如果有两个黑洞，它们的质量、电荷、旋转状态相等，那么这两个黑洞在各个方面都完全相同。由此可知，一个由物质形成的电中性黑洞和一个由反物质形成的电中性黑洞是完全相同的。黑洞的引力在吸入夸克的同时，已经从本质上抹除了它的净数量。尽管物理学家对于这一定理是否完全成立还有争议，但是他们普遍认同它能够让自然界满足萨哈罗夫提出的第一个条件。

直到现在，我们还是没能观测到任何能改变夸克净数量的过程。为了寻找质子衰变的迹象，人们精心设计了许多实验，但都无功而返。不过这些实验还是有一些收获的，他们发现质子的半衰期至少长达 10^{34} 年，这意味着在宇宙 138 亿年的历史中，每 10^{24} 个质子中只有一个发生了衰变。然而，尽管还缺少证据，当代大多数粒子物理学家还是相信质子无法永存——尽管它们确实已经存在了非常非常久的时间。更加严格的针对质子稳定性的检验工作仍在继续，比如位于美国南达科他州霍姆斯特克矿山的深层地下中微子实验（DUNE）。也许这个实验最终能够观测到质子的衰变，让我们能够首次确定宇宙中原子和分子的"保质期"。

萨哈罗夫的第二个条件乍一看似乎也很简单。只要你能想出一种可以使反夸克的数量变得比夸克更少的相互作用，那么反过来想到一种能使夸克变得更少的相互作用也很容易。为了避免这些不同的效果相互抵消，那么就必须在二者之间做出一个选择。显然，大自然对物质挺偏心。

物理定律中存在这样的"偏心"，将会对空间和时间的性质产生深远的影响，尤其是它将揭示的事情与嵌入了宇宙基本结构中的对称性息息相关。当物理学家谈论到某一物体具有对称性时，他们的意思是你可以让它做某种变换而不改变其状态。以一个完全均匀的球体为例，它具有旋转对称性，因为无论你让它转动多少角度，它都不会发生改变，而形状不规则的岩石则不具备这样的对称性。对称性是现代物理学的核心，其中，和宇称、电荷、时间等概念相关的对称性具有最根本、最深远的意义。

宇称对称是空间的对称，任何与镜中的自己完全相同的物体都满足宇称对称性。比如一个正圆柱体，它和自己的镜像看起来完全一样，因此具备宇称对称性。然而，如果在圆柱体的表面雕上一圈螺纹，那么这种对称性就被破坏了——顺时针方向旋转的螺纹在镜中变成了逆时针方向旋转的螺纹。

要理解电荷对称的含义，可以从一群质子和电子入手。如果我们能以某种方式瞬间用带负电荷的反质子替换所有的质子，同时用带正电荷的正电子替换所有的电子，那么作用在每个粒子上的电磁力会与替换之前完全一样。反质子与正电子仍然携带彼此相反的电荷，因此它们会以与替换之前完全相同的方式相互吸引。之所以会这样，就是因为电磁力满足电荷对称。

最后，如果一个物体沿着时间向前和向后运动的过程无

法区分，那么这个物体受到的作用在时间上对称。如果我给你
看一段棒球向上飞，达到顶点之后又落回地面的视频，然后再
把同一段视频倒放给你看，那么你将无法分辨这两个版本的视
频，因为引力满足时间反演对称性。

直觉上，宇宙中的物理规律在本质上似乎一定是满足宇
称、电荷和时间对称的。大自然在这些方面的对称性似乎仅凭
直觉就能猜到，例如，对于一个完全对称的陀螺，我们无论是
让它顺时针旋转还是逆时针旋转，它呈现出来的样子都是相同
的。但是，大自然可不管我们的直觉怎么想，这三种对称性都
被宇宙用物理规律略微地打破了一点点。

在已知的4种基本力中，有3种力（引力、电磁力和强力）
对任意粒子的作用都与其旋转方向无关——无论它顺时针旋转
还是逆时针旋转，这3种力对它的作用都是相同的。也就是说，
这些力满足宇称对称性。但是弱力与它们不同。一系列开始于
1956年的实验表明，物质粒子只有在逆时针旋转时才会受到弱
力的作用，而顺时针旋转的物质粒子根本感受不到这种力。更
奇怪的是，对于反物质粒子，这种关系是相反的——它们只能
在顺时针旋转时感受到弱力的存在。在弱力的眼中，粒子就像
是吸血鬼一样——它们不会出现在镜子里。[①]

---

① 在西方世界，许多人认为镜子可以映照出人的灵魂，而吸血鬼没有灵魂，
　　因此不会出现在镜子里。——译者注

弱力不遵守宇称对称性以及电荷对称性这一发现，很大程度上推翻了粒子物理学家对宇宙的假设。他们艰难地认识到了弱力与他们天真的直觉并不相符。就像科学史上曾经出现过许多次的场景一样，他们的常识让他们误入歧途。但是在这个发现之后，他们意识到，即使弱力打破了宇称和电荷的对称性，但是这两种对称性的组合却有可能保持不变。假设有一个受弱力作用的粒子，比如一个逆时针旋转的电子，现在我同时改变它的旋转方向和电荷，让它变成顺时针旋转的正电子，这样它感受到的弱力仍然不变。因此，即使弱力分别打破了电荷对称和宇称对称，但是至少电荷和宇称组合形成的对称性（简称CP对称[①]）可能仍然存在于宇宙结构当中。

但是事实并非如此。1964年，当实验表明CP对称也被打破时，粒子物理学家再一次被震惊了。这种现象最先在K介子（由一个奇夸克和一个反下夸克组成）上被观察到。之前物理学家知道弱力可以将一个K介子转变为反K介子，反之亦然。而这些实验揭示了一个新的事实：这一变化过程朝两个方向发生的可能性不同。事实上，这反映了自然结构确实对物质和反物质区别对待。CP对称被打破正是满足萨哈罗夫第二个条件所必需的，这使得更偏向于生成物质而非反物质的过程真的有可

[①] 电荷（Charge）对称简称C对称，宇称（Parity）对称简称P对称，二者结合即为CP对称。——译者注

能存在——起码理论上有可能。

　　也许最奇怪的事情是，这一认识告诉了我们时间的本质。所有与爱因斯坦的狭义相对论相容的量子场论都必须满足电荷-宇称-时间对称（简称CPT对称）。这就意味着如果弱力会打破CP对称，那么时间反演对称性也必然会被破坏。棒球沿着抛物线轨迹的运动，无论正放还是倒放，我们都会看到一样的结果，但弱力在时间的两个方向上的作用并不相同。大自然通过这种方式区分了过去和未来，这样一来，随着时间的流逝，天平就会逐渐偏向物质这一方。

＊　　　＊　　　＊

　　哪怕粒子之间的相互作用能够改变物质相对于反物质的净数量，哪怕这些相互作用偏向于物质，我们都无法解释为什么会有这么多质子、中子和电子能够在大爆炸的高温中存活下来。如果宇宙在早期持续稳定地膨胀并冷却，那么即便存在这些相互作用，物质和反物质的比例也会逐渐达到自然状态下的平衡，并且最终无法打破宇宙原始状态的平衡。萨哈罗夫证明，如果要让物质的总量超过反物质，那么第三个条件也必须满足：宇宙一定在最早期经历了一场极为猛烈的转变。

　　有很多种方式能够满足萨哈罗夫的第三个条件。宇宙可能经历了一个短暂的突然膨胀时期，在此期间，有利于产生物质的相互作用得以大展身手。或者，也可能存在一种目前尚未被发现的奇异粒子，它在早期宇宙中不与其他粒子发生相互作用，但是在衰变过程中产生了大量的新夸克。再或者（这种可能性是最有意思的），宇宙可能在诞生之后的某一时刻经历了一个突然的、剧烈的变化——不仅仅是稳定地冷却，而是一个类似于水沸腾后转变成蒸汽那样的急剧性转变。

这种转变被称为相变。相变的例子在化学和物理学过程中随处可见。最广为人知的是固体、液体和气体之间的相变，不过相变还有其他的类型。事实上，我们知道在宇宙早期至少发生过3次相变。最近的一次是从自由电子和质子到束缚原子的转变——这发生在大爆炸后大约38万年。在更早的时候（大爆炸后不到1毫秒）也发生过类似的转变，也就是宇宙中所有的自由夸克结合在一起形成了质子和中子。还有一次相变发生在更为久远的时候（大爆炸后大约万亿分之一秒）。在这次转变之前，希格斯玻色子的性质与其他粒子并无二致，但是当宇宙的温度降到10^{16}摄氏度左右时，情况发生了改变，一个与希格斯玻色子相关的场开始以全新的、不同的方式作用于其他粒子，像W和Z玻色子这样的粒子以及夸克和轻子第一次开始减速到远低于光速。它们此前没有质量，且以光速运动，但希格斯场的变化导致它们带有了更多的惯性，会抵抗加速度。事实上，正是希格斯场的这种变化为这些粒子赋予了质量。如果没有希格斯场的存在，那么所有已知的基本粒子都将是无质量的，世界也就不会变成今天这副模样。

从我在这一章写作的内容来看，似乎我们已经能给萨哈罗夫的难题交上一份令人满意的答卷了。种种迹象表明，宇宙中的某些现象能够满足他提出的第一个条件（存在能改变夸克相对于反夸克的净数量的相互作用）；过去半个世纪中进行的无数次科学实验证实了他的第二个条件（自然界更加偏爱物质而不是反物质）；最后，我们还知道在早期宇宙中发生了多次相变。看样子，我们可以放宽心了，因为我们解释清楚了为什么我们的宇宙由物质主导，而不是反物质，以及物质数量是如何压倒反物质的。

但是这还远远不够。尽管萨哈罗夫的每一个条件都在某种程度上得到了满足，但这些已知的过程和事件只能在早期宇宙中帮助物质建立起非常微弱的优势，而这远远不足以解决当下的难题。如果我们今天对宇宙的了解就已经是全部的真相，那么按照这样的条件，几乎所有的物质最终都会随着宇宙的冷却被摧毁，几乎不会剩下什么物质来形成恒星或行星，也几乎不会有出现生命的可能。宇宙将会变得与现在我们周遭的世界完全不同。

　　事实就是，我们还是不知道为何宇宙中包含的物质这么多，而反物质却这么少，我们目前所掌握的物理规律并不能解决这个难题。不过认清目前的处境能够让我们了解到，宇宙历史最早期的一些重要事件与我们认知中的一切都截然不同。那些未知的相互作用涉及我们从未在任何实验中观察到过的物质和能量形式，而且曾经发生了某些剧烈的事件，改变了整个宇宙的性质。尽管这种认知可能无法为我们提供答案，甚至会带来更多问题，但对我来说，这正是它的魅力所在。在未知的神秘中进行探索是一件极大的乐事。

在黑暗中心

只有观测结果迫使我们改变固有观念时，科学才能够取得最
大的进步。

——薇拉·鲁宾（Vera Rubin）

当你抬头仰望夜空时，你面前的景象是由成千上万颗恒星
组成的。它们主导着我们对天空的看法，以及我们所有人对太阳
系之外的世界的想象。然而在很多方面，恒星在宇宙中其实不是
什么重要的角色。尽管它们很明亮，也很容易被看见，但是它们
只占今天宇宙中所有物质的很小一部分——大约只有1.6%。

在宇宙的所有原子中，组成恒星、行星、彗星、小行星
或是其他类似物体的只占了少数，而大多数原子存在于海量的
气体中。这些气体主要是氢气和氦气，它们占据了大部分的星

际空间。但是，即使我们把所有的气体、恒星和行星都考虑在内，我们会发现所有的原子加起来仍然只占宇宙中所有物质的一小部分——大约16%。宇宙中的绝大多数物质都不是由原子或其他已知物质构成的，而是一种看不见的——至少是几乎看不见的物质，这种物质的性质是宇宙学中最大的谜团之一。对于这种一直存在但一直没有显露影踪的物质而言，可能除了暗物质之外也没有更好的名字了。

虽然我们不能直接看到暗物质，但我们可以通过它的引力判断它的存在。就算太阳完全不可见，我们也可以通过研究围绕它运行的行星的运动来确定它的位置，测量它的质量。就像地球绕着太阳转一样，太阳也绕着银河系的中心，沿着一条漫长的轨道缓慢地运行。在接下来的2.5亿年（或者说是一个银河年）里，太阳将会围绕着银河系走完一圈，回到它现在所在的位置。如果以银河年作为一年来计算，那么我们人类最早的祖先大约在两周前才开始出现，如今，16岁的太阳即将成年，而55岁的宇宙可能已经开始考虑要如何度过退休生活。

就像地球被引力束缚在环绕太阳的轨道上一样，我们的太阳系也被引力束缚在银河系中。已知地球轨道的大小和地球公转的速度，物理系的大一新生就可以计算出维持地球当前轨道所需的太阳质量。我们也可以对太阳及其围绕银河系中心运行的轨道进行同样的计算，这样我们就会发现，被太阳轨道包围的体积内，必定含有相当于1 000亿个太阳那么多的质量。其中大约有一半是恒星和气体，而另一半则是我们看不见的暗物质。如果没有暗物质的存在，那么恒星表现出来的样子将会与现在截然不同。脱离了暗物质的引力之后，银河系的恒星会向外移动，运动轨道会更大，速度也更慢。在某些情况下，这些恒星甚至会完全脱离银河系的掌控，朝向星系际空间远去，再也不会归来。如果没有暗物质将恒星结合在一起，那么许多已知的星系都会逐渐解体。

我们还不知道暗物质是什么，也不知道它由什么组成。但我们知道，暗物质是在宇宙最初几秒内的某一时刻形成的，很可能就在大爆炸之后百万分之一秒内。如果我们能够更深入地了解这种物质，那我们了解的可就不仅仅是暗物质本身的性质了，还有更多有关宇宙初生时期的奥秘。研究暗物质就是研究这个世界的起源。

在过去的几十年里，绝大多数天文学家和宇宙学家都已经完全确信暗物质是存在的。我们几乎在望远镜对准的任何地方都能看到它存在的痕迹：恒星在星系内的运动中，以及星系在星系团（比星系更大的系统）内的运动中。暗物质的效应甚至可以通过星系团的引力对光的偏折来观察。

但是要说到能够证明暗物质存在的最有力的证据，也许是来自对大爆炸后遗留下来的辐射的温度场（即宇宙微波背景）的观察。我们可以通过测量这种辐射来获取大爆炸后几十万年的物质分布地图。这张地图告诉我们，宇宙在年轻时非常均匀，只有极小的密度差异。如果没有暗物质的帮助，这点儿密度差异不可能在有限的时间内如此快速地增长，从而形成今天宇宙中的星系以及其他大尺度结构。原子间的作用力会让它们很难被压缩——你试着挤压一个气球就能感受到了。但是暗物质不太一样。和原子不同，暗物质不会受这种斥力的影响，因此，在引力的作用下，它压缩得更快，形成了一套"脚手架"，宇宙结构中其他的部分都以它为基础建立。早在星系出现之前，暗物质就开始聚集成巨大的云，这些暗物质云的引力将原子聚集起来，最终形成了星系。

通过这样的观察，我们不仅能够测量出宇宙中有多少暗物质，并且也能在一定限度内对其性质做更多的了解。首先，这种物质，或者说这类物质，并不是由我们在LHC和其他粒子加速器中发现的物质组成的。也许有一天我们会用这样的仪器创造并观察暗物质粒子，但现在还不行。目前我们知道的是，暗物质粒子（无论它们究竟是什么）除了通过引力的方式，几乎不会与普通物质发生明显的相互作用。这意味着它们可以像幽灵一样穿过固体物质，并且还解释了它们为什么不发射、不吸收，也不反射任何可测量的光。

在我们的宇宙中，有物质占比如此之大却与周围的物质几乎不发生相互作用，我们应该对此感到惊讶吗？当我第一次知道这件事的时候，我确实很惊讶。毕竟我认为，所有已知的物质形式都会通过电磁力、强力和弱力这几种力中的一种或多种与其他物质形式进行信息传递和相互作用（见图5）。在我看来，所有的粒子似乎都理所当然地符合这种模式。但是在上述推理过程中，我陷入了书中记载过的最古老的逻辑谬误之一。

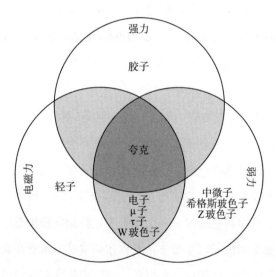

图5　用维恩图将已知粒子按照它们会受到的作用力进行分类。所有的已知粒子都至少通过一种力与其他粒子发生相互作用，而有些粒子甚至通过2种或3种力进行相互作用

想象一下，把你房间里所有的东西列一个清单，然后根据每个物体能否被看到、听到或感受到，给它们分类。许多东西都能同时符合这三个标准，例如我的唱片，我可以很容易地看到它、听到它、感受到它。当然还有别的东西，比如空气，它可以被感受到，但是看不见也听不着。所以这张清单上的东西要么可以被看到，要么可以被听到，要么可以被感受到，或者是同时符合两三个标准。但是这个清单上没有一样东西是既看不见，又听不到，还无法感知的。

通过类比，我们可以构建一个宇宙中所有粒子的列表，并根据它们能否受到电磁力、强力和弱力的作用进行分类。在标准模型所包含的粒子中，大多数（但不到全部）都会受到电磁力的作用。电子、μ子、τ子、W玻色子和全部6种夸克都带电荷，因此会通过电磁力相互作用，但是3种中微子、胶子、Z玻色子和希格斯玻色子不带电荷，所以不会这样。类似地，只有夸克和胶子携带色荷，它们因此会受到强力的作用。在标准模型的所有粒子中，只有夸克会受到全部3种力的作用，并且每种粒子至少都会通过一种力发生相互作用。即便是中微子这个标准模型中最不容易发生相互作用的成员，也会受到弱力的作用。

我犯下的错误是，在第一次了解暗物质的时候，没有考虑到标准模型里面的这些粒子都是怎么被发现的。我的清单中没有既不能看到，又不能听到，也不能感受到的物品，不代表这种物品不存在，只是我压根儿没把它们纳入考虑而已。类似地，如果存在一种不会受到这三种作用力中任意一种作用力影响的粒子，那我们就得提出一个疑问了：它会在我们的实验中产生什么影响呢？我们怎么知道它是否存在？它真的存在吗？这些问题的答案是，我们很有可能在任何实验和实验室中都看不到它，也看不到它产生的任何效应。我们只能在宇宙中通过它的引力探测到它的存在。暗物质就是这样的，像这样的粒子就是暗物质。

尽管绝大多数专家都一致认定暗物质一定存在，但是其实科学界在这一问题上还没能完全达成共识。一小部分研究过这个问题的天文学家和物理学家认为，表明暗物质存在的证据并不完全具备说服力。在这些科学家看来，暗物质并不是解释星系周围恒星运动的唯一方式，甚至也不是解释宇宙中的那些星系和星系团如何形成的唯一方式。他们也没有假设存在其他不可见的物质，而是推测我们对引力的认知可能有些偏差。

自20世纪80年代以来，物理学家一直在试图修正万有引力定律和牛顿运动定律，以便能够在摒除暗物质的情况下将星系动力学的问题解释清楚。这一套理论通常被称为修正牛顿动力学（Modified Newtonian Dynamics，简称MOND）。在某种程度上，MOND相当容易实行。如果你把牛顿第二定律（力等于质量乘以加速度）修改成力等于质量乘以加速度的平方，那么就大致上可以解释星系中恒星和气体的运动。当然，牛顿之所以规定这个定律是质量乘以加速度是有原因的，随便做几个简单的实验都可以证实，力实际上等于质量乘以加速度的一次方，而不是二次方。为了解决这个问题，MOND的支持者提出，这种修正只在加速度特别小的情况下有效。粗略地讲，这意味着在地球上和太阳系中，引力还是与正常情况下一样，但是对于银河系和其他星系中加速度特别低的恒星而言，情况就截然不同了。MOND假定在这些情况下，引力的强度比牛顿和爱因斯坦所想象的更大。根据MOND的观点，正是这种引力的增强使得星系聚集在一起，并产生了暗物质一定存在的假象。在MOND治下的宇宙中，暗物质只是一种幻象。

　　刚才我说，在某种程度上，MOND相当容易实行，但是大多数情况下不是这样。在最初的公式中，MOND是对牛顿第二定律的直接修正，但这忽略了广义相对论的影响。考虑到爱因斯坦的理论已经无数次被高精度的实验完美地证实，这可是个大问题。要想把MOND作为暗物质的重要替代品，我们必须先证明它能够被嵌入一个与广义相对论的相一致的理论中。

　　多年来，许多物理学家都在试图做到这一点。比如，有一些人提出了一些新的理论，在这些理论中，空间和时间的几何形状会对物体的运动造成不同的影响，并且与引力无关。在这些所谓的双度规理论中，空间中任意两点之间的距离实际上会有两个不同的值。对于一些物理学家来说，这种方法似乎有希望解释为什么广义相对论本身就能很好地描述太阳系，但更大尺度上的宇宙就需要引入暗物质的存在才能解释。但是，双度规理论通常会允许物体以超过光速的速度在空间中移动，这带来了很大的麻烦，甚至导致了逻辑上的矛盾。诚然，为了避免这些问题，我们可以对这些理论做进一步修正，但是这些修正往往又会使得这些理论无法对太阳系内物体的运动进行预测。更糟糕的是，早期的MOND理论对光在引力作用下的偏折做出了明显错误的预测，也无法解释星系团这种大型系统的动力学问题。尽管MOND作为一种抽象的想法确实很引人注目，但是它在理论和观测上都遇到了无数的问题。

　　尽管诸如此类的问题阻碍了许多物理学家进一步对MOND展开研究，一些科学家仍然在想办法通过修正引力理论来规避对暗物质的需要。2004年，以色列物理学家雅各布·贝肯斯坦（Jacob Bekenstein）提出了MOND的一种版本，似乎解决了许多这样的问题。虽然贝肯斯坦的理论在许多方面比早期的MOND复杂得多，但这种复杂性也使得它更加灵活了——既能预测太阳系中的运动，也能准确判断光在引力下的偏折。当时的许多宇宙学家都对贝肯斯坦的观点表示好奇和兴奋，就连我们这些积极研究暗物质的人都不禁要问问自己：暗物质会不会真的只是个幻影？

　　贝肯斯坦的理论曾经确实辉煌过，但是好景不长。2006年，一组天文学家发布了一个观测结果，对大多数宇宙学家来说，这一结果令人信服地证明了宇宙的动力学是由暗物质驱动的，而不是MOND。这些天文学家长期以来一直在研究一个被称为"子弹星系团"的系统，其实它是两个距离我们37亿光年的星系团。尽管天文学家一直在观测星系团，但这两个星系团与众不同——大约1.5亿年前，它们迎面相撞并互相穿过。这次碰撞产生了巨大的冲击波，将星系团的气体加热到了现在的大约2亿摄氏度，并产生了形似子弹的特征，该系统也因此得名。

　　2006年这篇关于子弹星系团的论文对比了两种截然不同的测量方式。首先，天文学家给出了一张地图，描绘了光在经过或穿过这些星系团时如何偏转。这张地图告诉了我们这个系统中几乎所有质量（可见物质和暗物质都包括在内）的分布。然后，他们将其与人造卫星上的钱德拉太空望远镜根据对高温气体（也就是构成了这两个星系团中的大部分可见物体质量的气体）发出的X射线的测量结果描绘出的图谱进行了对比。无论是谁，只要把这两幅图放在一起略做比较，都能得出这篇论文的关键结论：虽然这个系统中的大部分可见物质（高温气体）

主要集中在最中心处，但是它的重心却不在这里。天文学家第一次发现居然还有这样的系统——引力作用的来源（也就是暗物质）与可见物质的中心竟然不重叠。从来没有哪一种MOND理论预见过这样的事情。得出这一结论之后，该论文的作者便将论文的题目定为"暗物质存在的直接实证证据"。

近年来，MOND仍然面临许多严重的问题。所有的MOND理论（包括贝肯斯坦提出的那个在内）都不能解释宇宙微波背景或是星系团动力学的详细特征。在过去的几十年中，随着测量手段的改进，这些问题变得日益严重。虽然还有一小部分宇宙学家仍在钻研MOND，但它已经成为科学讨论中的边缘课题。不过，只要我们还没直接观测到暗物质粒子并彻底确定它们的性质，那么MOND相关的研究就不会停止——哪怕它成功的可能性微乎其微。

* * *

在我的研究生涯中，我把大部分的精力都放在有关暗物质的问题上。我已经提出了一些有关这种物质可能由什么构成的假设，并且撰写了几十篇论文来讨论能够用于探测和识别这种物质的技术和方法。但是探明这种神秘物质究竟是什么并不是我追寻的唯一目标，也许比暗物质粒子的本质更有趣的是它们是如何在早期宇宙中形成的。我们希望能够通过研究暗物质的本质，最终了解宇宙的初生时刻。我希望有一天，暗物质能为我们提供一扇了解大爆炸的窗口。

我们对暗物质的起源知之甚少，但也不是一无所知。对宇宙微波背景以及星系和星系团的分布情况进行观测就能知道，暗物质几乎和宇宙同龄——在大爆炸后10万年左右，它就已经存在了。尽管我们不太清楚暗物质是如何形成的，但是可以肯定的是，几乎任何有可能产生暗物质的事件和过程，都会消灭宇宙中的大量原子核，而这会极大地改变今天我们发现的各种核素的丰度。鉴于对大爆炸核合成的预测与实际情况非常契合，因此我们只能断定暗物质一定是在第一批原子核出现之前形成的——大概是在大爆炸后几秒钟之内。

我在芝加哥大学讲授的一门研究生课程中，常常喜欢布置这样的课后作业。我会向学生们描述一种假想的暗物质形式，规定这种粒子的质量以及这些粒子与其他形式的物质和能量相互作用的方式。然后我会让他们计算，在大爆炸中会产生多少暗物质粒子，以及（这一条更加重要）有多少暗物质粒子能够幸存下来并存于今天的宇宙中。

当然，这个问题的答案取决于我赋予假想暗物质粒子的性质——它们的质量以及相互作用的方式。在大多数情况下，粒子的产生都是计算中比较容易的那部分。在早期宇宙中，但凡是经历过一丁点儿相互作用的粒子都能够大量产生。在宇宙历史的最初阶段，暗物质粒子会在其他粒子的碰撞中成对出现或消失。学生们在完成作业的过程中会发现，无论宇宙一开始有多少暗物质，它们的丰度都会很快发生变化——要么增加，要么减少，直到达到暗物质粒子产生与消失的速率持平的状态。换句话说，它们会在周围的夸克、胶子和其他能量形式的推动下逐渐趋于一种自然的平衡状态。

但是这种平衡不会永远持续下去。随着时间的推移，宇宙持续不断地膨胀，温度也在逐渐下降，直到没有足够的能量产生新的暗物质粒子。一旦暗物质无法通过任何方式产生，那么这些粒子的丰度就会迅速减少，直到几乎完全从宇宙中消失。能有多少暗物质粒子在这个过程中幸存下来，则取决于它们发生相互作用的方式。由于我们讨论的粒子是稳定的，因此它们不会自行消失，只有当两个暗物质粒子相互碰撞并湮灭时，它们才会被消灭。这种情况越容易发生，能够在大爆炸的高温下幸存下来的暗物质粒子就越少。从这个意义上来说，我们今天在宇宙中发现的暗物质的数量为我们提供了一个线索，我们可以根据这一点来探究它如何发生相互作用，既包括与暗物质本身的相互作用，也包括与其他物质和能量形式的相互作用。

为了更容易理解刚刚那个作业中描述的过程在早期的宇宙中是如何进行的，我们可以做一个简单的游戏。我们的面前摆着一张棋盘，上面随机散落着大量棋子。在每个回合中，所有棋子都会被随机地移动，如果有一枚棋子碰到了另一枚棋子，那么它们都会被从游戏中移除。在每个回合结束时，棋盘都会向四周延展开来，其面积增加20%，剩下的棋子也会随之被拉开一些距离。

这场游戏中的棋子类似于暗物质粒子，它们在相互作用时会成对湮灭；棋盘则代表着空间，它在宇宙历史的初期飞速膨胀。具体地说，我们可以想象一下棋盘上有足够多的棋子（也就是粒子），以至于其中的90%都会在第一个回合结束时被移除。第二回合，剩下的棋子中被移除的不会再有90%那么多了，而是一个小得多的比例。造成这一结果的原因有两个：第一，棋盘上棋子的数量减少到了十分之一，因此任意棋子碰到其他棋子的概率也减少到了十分之一；第二，棋盘面积的增大进一步降低了任意两枚棋子碰撞的概率。在第二回合结束时，一开始的棋子中大约还有9.25%留在棋盘上。而到了第10回合结束时，这一比例降到大约7.25%。经过50个回合之后，棋子大约还剩下6.8%。有趣的是，大约从这个时候开始，棋盘上的棋子数量基本上停止了变化。游戏进行到这个阶段以后，棋盘面积已经非常大了，且剩余的棋子数量非常少，这样一来，任意一枚棋子都很难再碰到另一枚棋子了，哪怕是再进行无数个回合也同样如此。留在棋盘上的棋子数量已经停止了变化。同样，宇宙中暗物质的丰度可能也经历了一个类似的过程，暗物质在停止与自身以及其他形式的物质和能量相互作用之后，便在早期的宇宙中确立了起来。

自从大约17年前①我还是研究生的时候第一次接触到这道作业题以来，它所涉及的计算过程并没有发生太大的变化。它向我们揭示，在大爆炸产生暗物质粒子之后，如果要让它的丰度变成与今天测量到的暗物质密度相匹配的量，那么这些粒子一定需要通过一种强度与弱力相当的力发生相互作用并成对湮灭。如果这种力的强度比弱力更大，那将导致更多的粒子被消灭，从而使它们的丰度低于现存的暗物质相对应的量；如果这种力的强度比弱力更弱，那幸存下来的粒子又会显得太多。就像《金发姑娘和三只熊》②这个故事一样，弱力的强度似乎"刚刚好"能解释暗物质如何在大爆炸的高温中形成。

---

① 本书英文版的出版时间为2019年。——编者注
② 在《金发姑娘和三只熊》的故事中，金发姑娘来到三只熊的家里，她看到了三碗粥，第一碗太烫了，第二碗太凉了，第三碗温度刚刚好。后来她又看到了三张床，第一张太硬了，第二张太软了，第三张硬度则刚刚好。——编者注

在21世纪头几年刚看到这个计算时，我领悟到，无论暗物质是什么，它都很有可能是由主要通过弱力相互作用的粒子组成的。我们将这类潜在的暗物质称为弱相互作用大质量粒子（Weakly Interacting Massive Particles），简称WIMP。多年来，尽管人们提出了许多种WIMP，但是从来没有任何实验直接探测到它们。我们所观察到的最接近WIMP的物质是中微子，但这种粒子太轻，移动得太快，不足以构成宇宙中占大部分质量的暗物质。

尽管到目前为止，我们还没能通过实验发现WIMP，但是许多人认识到了这种计算背后的逻辑是令人信服的。虽然还不能下定论，但是我们很多人都认为暗物质由WIMP组成至少是有可能的。我们甚至给得出这一结论的论证起了个名字，叫作"WIMP奇迹"。

但那已经是过去式了，现在，时代变了。

科学家总是喜欢把自己看作是理性、坦诚的人。在大多数情况下，我们一般就是这样的，或者至少努力朝这个形象靠拢。但和其他人一样，科学家也有人类都有的弱点。人们最常见的欺骗自己的方式，就是选择相信一件事情并不是因为有证据支撑，而是因为我们希望它是真的。

你可能第一反应是认为自己的大脑不会落入这些逻辑陷

阱，但不妨先回想一下，在看到某一次民意调查没有把你支持的候选人排在第一位的时候，你是不是对它不屑一顾，觉得它的样本肯定不可靠？又或者，看到有新闻报道说你最喜欢的食物有益于健康，你是不是不假思索地直接接受了？如果民意调查的结果是你支持的候选人领先，那你可能会毫不犹豫地接受它。如果有人对我说咖啡有害健康，那我根本不会加以理睬。没有人会有意识地进行非理性的思考，但是即便是最理性的人也会时不时地在潜意识里这样做。

在过去的几年中，我逐渐开始怀疑，我和我的许多合作伙伴在思考暗物质的本质时可能也陷入了这种一厢情愿。尽管WIMP奇迹背后的论证本质上是有效的，但也暗藏危机。比如，如果有什么事物导致了早期宇宙的膨胀与我们现在所认为的有所不同，那么这个计算的结果将会与现在的结果大相径庭。还有一种可能是，如果暗物质的相互作用极其微弱，甚至比WIMP还要微弱，那么这些粒子之间的相互作用就可能不够频繁，从而无法达到平衡，而这会导致整个推理过程土崩瓦解。尽管WIMP奇迹背后的逻辑有一定的说服力，但它远非无懈可击。

更进一步，从心理学和社会学的角度来看，许多宇宙学家对于WIMP奇迹似乎能够让他们了解暗物质的本质满心欢喜。具体来说，物理学家意识到，如果暗物质是由WIMP组成的，那么我们只要精心设计实验，就能历史上首次直接探测到这种物质的单个粒子，并测量它们了。我们当然希望这是真的，毕竟这样的成就不仅仅意味着一种全新形式的物质被发现，而且还意味着我们可以开始测量这些粒子的性质。所有人都认为并希望，这样的实验将会开创宇宙学和粒子物理学的新纪元。

有了这样的动机，一些实验物理学家就开始着手设计实验，他们认为这些实验最终能够探测到暗物质的单个粒子。这些实验一开始规模很小，只用几千克的锗、硅、钨酸钙、碘化钠这样的晶体材料来做靶。然而，随着时间的推移，这些实验的规模和复杂性也在不断增加，用上了最先进的技术。

当一个单独的WIMP与一个原子碰撞时，它会像一个很小的台球一样——它的一部分动量转移到原子上，给它一个突然的推力。这种推力可能会导致原子核失去一些电子，然后移动的原子核会继续撞击其他原子，产生连锁反应。总之，这样的碰撞会产生转瞬即逝的光、热甚至是电荷——所有的这些结果都可以用一个精心设计的探测器进行测量。我们一直在被暗物质粒子撞击，这是有利于此类实验进行的条件。如果它们偶尔能与普通物质发生相互作用（在我们的计算中WIMP确实会这样），那么这些设备就应该能够探测到这些碰撞。

但探测只是这类实验最容易的一部分。真正的挑战在于，暗物质粒子远非唯一能与这类探测器相互作用的物质。暗物质的确在不断地穿过我们的身体，但是我们的周遭同样有着大量的原子和辐射在四处游走。为了将暗物质粒子偶尔的撞击分离和识别出来，我们必须先让周围的原子安静下来。毕竟，宇宙是一个非常嘈杂且动荡的地方。

为此，实验物理学家着手建造灵敏度超高的探测器，小心地保护它们不受周围环境背景的影响，并将它们部署在地下深处的实验室中，以免除宇宙辐射的干扰。尽管这些探测器比LHC这种大型仪器要小，但在某些方面，它们的精密程度并不逊色。它们的灵敏度在过去15年左右的时间里飞速增长，10年前的暗物质探测器跟现在的相比都可以称得上是古董了。目前这一领域最先进的设备使用了大量的探测器，还包含数吨液态氙。氙作为暗物质的靶至少有两个主要的优势。首先，作为一种稀有气体元素（即元素周期表最右边的一列元素），氙非常稳定，很难发生化学反应，这两个特点都有助于减少可能会掩盖暗物质信号的各种活动。其次，它的体积很大（组成氙原子的质子和中子的总数在124到136之间），对于暗物质粒子而言是一个巨大而醒目的目标。在过去的20年里，这种探测器的探测能力一直在指数式增长——灵敏度每年至少翻一番，就连过去半个世纪中计算机运算速度的增长（摩尔定律）都相形见绌。

在21世纪头几年，许多宇宙学家和粒子物理学家（包括我自己在内）都认为，我们很有可能可以在未来10年左右成功探

测到暗物质粒子。我当时还跟人打赌，这样的发现将会发生在
大约2008到2015年之间。现在，这段时间已经过去了，但我们
还是没能找到暗物质。

这一类实验的结果通过暗物质与质子和中子的一种被称为
散射截面的量来呈现。简单地说，你可以把这个截面想象成暗
物质撞击的目标质子或中子的大小——如果一个暗物质粒子穿
过这片区域，它就很有可能击中目标。例如，如果构成暗物质
的粒子比质子重100倍，那么根据目前最新的实验结果，它的
截面一定不会大于10^{-46}平方厘米。作为对比，低能光子通过电
磁力与电子相互作用的截面约为7×10^{-25}平方厘米——比现代
的暗物质探测器检测的截面大10万亿亿倍以上。哪怕是暗物质
参与的相互作用强度只有中微子参与的弱力那么小，它的截面
也会比我们测量出的结果大100万倍左右。无论暗物质是什么，
它远比我们所见过的任何形式的物质都更加难以捉摸。

这里要强调一下，没能探测到暗物质粒子并不是因为我
们的实验技术不够高精尖。从技术角度而言，搜寻暗物质的实
验是极其成功的。如今的暗物质实验精度已经比2006年高了
10 000倍，这是惊人的成就。然而，这类实验还是没有搜寻到
任何信号，它们没有记录下任何无法解释的闪光、热量或是电
荷，只有一片沉默。但沉默本身也能说明一些事情。这些实验
没有发现暗物质的本质，但它们也让我们了解到了别的信息：

如今我们知道，暗物质与我们当初设想的大不相同。

　　在地下实验和LHC中未能探测到暗物质这一事实对科学界产生了很大的影响。尽管这些设备仍然有可能只差一步就能做出新发现了，但是如今研究暗物质的大多数科学家都会认同，如果暗物质确实是他们之前最热衷的那些候选者，它们应该早就被发现了。寻找暗物质从来都不是件容易的事，但是坦白地说，我们没想到会这么难。

　　由于暗物质迟迟不见踪影，科学界已经开始把精力转向一些与之前差异颇大的新想法。虽然这种情况无疑会令人沮丧，但它也带来了积极的影响——推动了暗物质相关理论的爆炸式发展。例如，有一种理论认为，宇宙中存在所谓的"隐藏区"，其中有好几种粒子，暗物质只是它们之中的一员，这引起了广泛的关注。由于隐藏区粒子不直接与普通粒子发生相互作用，因此它们很难在地下实验中被发现，也很难在加速器中产生。在取得这些理论创新的同时，我们在实验上也取得了相当大的进展。科学家正在设计和操作与以往不同的全新实验，目的是检验更大范围的、之前被忽视的暗物质候选者。

　　地下实验的显著进展使得暗物质领域的研究陷入了严重的混乱。事实证明，暗物质可能与我们大多数人曾经的设想截然不同。暗物质竟然如此难以捉摸，这让我和我的很多同事既惊讶又困惑。按照此前的设想，我们现在应该有很大希望能够发现暗物质粒子了，但是随着搜寻工作的持续开展，真相却变得更加扑朔迷离。物理学家正在争先恐后地抄起演算纸，重新审视和修正他们的假设。带着受伤的自尊和更加谦卑的态度，我们正在拼命地试图找到一种新的方式来理解我们的世界。

黑暗中的灯塔？

如果有这么一只鸟，它走路像鸭子，游泳像鸭子，叫起来的嘎嘎声也像鸭子，那它就是鸭子。

——据说出自詹姆斯·惠特科姆·赖利（James Whitcomb Riley）之口

不久前，我的一个朋友告诉我，他很难想象我的工作是什么样的。他知道我是个物理学家，也知道我研究的课题与暗物质和宇宙学相关。但是"研究暗物质"到底意味着什么呢？他是这么问我的："你走进办公室，脱下外套，给自己倒上一杯咖啡，然后，你怎么知道接下来该做些什么呢？"

这个问题促使我在本章向你们讲述一些我自己正在做的研究。我将从2009年开始讲起，当时我发现了一个来自银河系中心的奇怪的伽马射线信号。这些伽马射线可能（有的人认为很可能）是由数千颗高速旋转的中子星（即脉冲星）产生的。以大多数科学家的标准，这本身就是一个令人兴奋的发现，但是更令人兴奋的是，这些伽马射线可能与脉冲星无关，而是由暗物质粒子产生的。如果真是这样的话，那么这种信号将会让我们第一次真正洞察这种神秘物质的本质，并且为我们提供了解暗物质如何在大爆炸后百万分之一秒内产生的机会。

在本章的结尾，我会把我目前掌握的情况全部讲述出来。但即便是这样，我也无法告诉你这些研究的结论是什么，因为整个故事仍然未完待续。

2009年8月底的一个早晨，我走进了自己位于费米实验室主楼威尔逊大厦6层的办公室。我脱下了外套，给自己倒了一杯浓浓的咖啡。然后我坐了下来，把腿跷到桌子上，眼睛盯着笔记本电脑的屏幕。在过去的几个星期，我一直在写一个计算机程序，用于分析费米望远镜①（一台伽马射线望远镜，见图6）所收集的数据。

费米望远镜与大多数人想象中的不太一样。它没有透镜，

---

① 费米望远镜与费米实验室并没有直接联系，除了它们都是以物理学家恩里科·费米的名字命名的。费米在粒子物理学和天体物理领域都做出了杰出贡献。

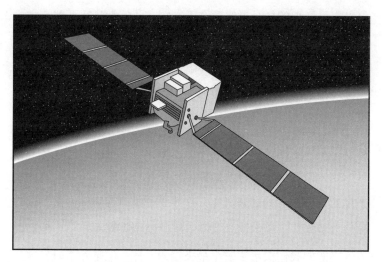

图6 一位艺术家描绘的费米伽马射线望远镜

也没有反射镜，接收不到我们肉眼能看见的光。相反，它被设计用来感知能量最强的光——伽马射线，它的光子的能量比可见光光子高出几亿倍。许多现代望远镜都布设在山顶上，而费米望远镜的位置比它们还要偏远——它位于距离地球表面340英里（约547千米）的人造卫星上。

2008年6月11日，费米望远镜在卡纳维拉尔角由德尔塔Ⅱ 7920–H火箭成功发射，进入近地轨道。那之后的几年中，它一直稳定地进行巡天观测，其精密的探测器记录着照射过来的伽马射线的能量和方向。费米望远镜的设计目的是绘制出有

史以来最详细的伽马射线源全天空图，并仔细研究那些宇宙中
最不稳定的物体和环境。例如，超大质量黑洞在吞噬大质量物
体时，会产生明亮的伽马射线喷流，哪怕它位于可观测宇宙的
边缘，费米望远镜也能探测得到。到目前为止，费米望远镜已
经探测到超过 1 000 个这样的天体发出的伽马射线。此外，伽
马射线暴（一种剧烈的恒星爆炸）也是费米望远镜的首要观测
目标之一。费米望远镜计划标记出银河系中所有高速旋转的中
子星的数量并对其展开研究，这些中子星被称为脉冲星。设计
和建造费米望远镜的科学家和工程师完全有理由相信，他们的
望远镜能向我们揭示宇宙中最极端的天体。但是除了研究这类
物体以外，费米望远镜还有可能完成一些更为惊人的任务。如
果我们足够幸运的话，费米望远镜也许会向我们揭示暗物质的
本质。

　　利用伽马射线望远镜来研究暗物质并不是一个新的想法。
在 1978 年的情人节那天，早在费米望远镜被发射的 30 多年之
前，《物理评论快报》同时刊载了两篇极具先见之明的论文。在
这两篇文章中，由吉姆·冈恩（Jim Gunn）、本·李（Ben Lee）、
伊恩·莱尔歇（Ian Lerche）、戴夫·施拉姆（Dave Schramm）、
加里·斯泰格曼（Gary Steigman）以及弗洛伊德·施特克
（Floyd Stecker）组成的两个独立科研团队分别提出，在我们今
天的宇宙中，有一小部分暗物质粒子很可能正在经历湮灭的过

程。尽管单独的暗物质粒子发出的光可以忽略不计，但是这些粒子聚集在一起时则完全有可能发出极为明亮的光。特别是当成对的暗物质粒子相互接触并湮灭时，它们的质量可以转化为包括伽马射线在内的其他形式的能量。如果我们可以建造出能够探测到这些伽马射线的望远镜，那么我们不仅能了解暗物质本身的性质，还能绘制出它在整个宇宙中的分布——这样我们就能得到一张暗物质的地图。这种观测提供的信息甚至能够用于推断，在大爆炸之后的一瞬间，暗物质是如何产生的。这可真是个令人兴奋的前景，尽管那时的我只有1岁，但是我常常会认为，从那个情人节起（我真是个无可救药的浪漫主义者），我就注定会有一天在伽马射线中寻找暗物质的踪迹。

*　　*　　*

2002年，在我还是一名研究生的时候，我写了第一篇关于利用伽马射线研究暗物质的论文。在接下来的几年中，我不断地思考这个问题，绞尽脑汁地计算来自暗物质的伽马射线信号可能会是什么样的，努力钻研将这种信号与普通天体物理源产生的高能光子区分开来的方法。我们知道这不会是件容易的事，但是费米望远镜代表着技术上的巨大飞跃，凭借它从背景中分辨出暗物质的信号也并非不可能。

在所有值得观察的目标中，最有希望得到结果的，似乎就是我们银河系的中心。我们最精准的测量数据和计算机模拟的结果表明，银河系中心的暗物质密度是相当高的，这意味着那里的暗物质粒子应该会发生高频率的相互作用并互相湮灭——这种过程会产生大量的伽马射线。尽管在这个计算过程中还有许多未知因素，但我们普遍认为，这些暗物质的相互作用会产生一种明亮的云状伽马射线信号，并以银河系自身的超大质量黑洞为中心，从各个方向向外扩散。

让我们再回到2009年8月的那个早晨。那时，费米望远镜已经在轨道上运行了一年多，但是它的第一批数据在几周前才对我这种非本领域的科学家开放。经过几周的工作，我写的分析程序终于成形。如果一切顺利，这个程序将会获取观测到的伽马射线在方向和能量上的分布，并利用这些信息来推断这些高能光子究竟来自暗物质，还是天体物理过程，抑或是两者皆有。这是我第一次跑程序，当结果出现在我的屏幕上时，我的脑海中一片空白。

正如艾萨克·阿西莫夫的那句名言所说，科学发现往往不是来源于"尤里卡①！"，而是"奇怪了……"。我能感觉到我的脸上写满了错愕，我的脸不由自主地向电脑靠近，试图看得

---

① 出自古希腊语，意为"我想到啦"。传闻阿基米德在浴盆中洗澡时突然产生了解决浮力问题的灵感，于是大吼了一声"尤里卡！"。——译者注

更清楚些。我绘制出的数据和我料想的完全不一样。我原本以
为自己会看到一个可以用普通的天体物理过程（比如宇宙射线
与气体以及辐射的相互作用）轻松解释的平滑的光谱形状，通
过这样的光谱，我可以计算并发表一个新的、更严格的暗物质
湮灭速率上限，从而帮助我们限制那些或许能够用于描述宇宙
中暗物质的理论的范围。那将会是一篇不错的论文。但是才扫
了一眼，我就发现我电脑屏幕上显示的数据有些异样。令我惊
讶的是，从银河系中心方向发出的伽马射线的光谱并不是很平
滑，而是在大约 2 GeV 能量附近表现出一种奇怪的隆起状特征。
我俯身向前，死死地盯着屏幕，茫然地想，这和我们之前想的
不一样啊，反而很像是暗物质的特征了呀。

　　我把这些原始数据拿给我的一些同事看，其中也包括莉
萨·古迪纳夫（Lisa Goodenough），她是我在这个项目上的合作
者，当时是纽约大学的一名研究生。我俩都不知道要怎么办才
好。如果只是写出一篇提出新的暗物质湮灭速率上限的论文，
应该不会引起争论，也相对容易，但是这种论文与我们面前的
数据不匹配。于是经过了一个半月的检验以及对分析结果的仔
细检查之后，我们开始了写作。我们的论文题目是《由费米伽
马射线空间望远镜观测的银河系内部暗物质湮灭的可能证据》。

　　我们的很多同事都不太看好我们这篇论文。其中有一些人

公开反对说，我们用来描述伽马射线背景的模型过于简单，而这可能会给我们的结论带来偏差；还有一些人则担心我们没有充分解释费米望远镜的仪器效应。这两点都有一定的道理。我们对这个数据集的分析相当粗糙，受到质疑不足为奇。而更加令人担忧的是，一些工作内容与费米望远镜有关的科学家告诉我们，他们自己也研究过相同的数据，但无法复现我们的结果。在他们看来，根本没有什么来自银河系中心的暗物质信号。

　　论文发表后的6个月里，别人对我们这项工作一直持负面看法和批评。6个月后，莉萨和我又把数据重新捡了起来。坦率地说，我们不知道该怎么继续思考。尽管这些批评中似乎有一些观点挺有道理，但是那些最响亮的反对意见中有很多看起来都错得离谱。我们能够确定的是，如果用费米这样的望远镜来观测的话，那么银河系中心是一个有趣的观测目标，并且目前还没有人能真正确定我们可以从中了解到什么。与此同时，我们也知道，如果想让我们的同事相信我们的结论，就必须进行更加深入的研究。因此，在第二次分析中，我们更加仔细地考虑了仪器分辨率等因素，并且对构成主要背景的许多天体物理源进行了更加详细的建模。然而当我们再次运行分析程序的时候，伽马射线光谱中又一次出现了奇怪的隆起。这一次我们可以更清楚地辨认出天空中伽马射线信号的图样，从每个角度来看，它看起来还是很像暗物质。

我们在第二篇论文中发表了我们的研究结论，尽管论文引起的反响好坏参半，但它在很大程度上说服了我自己：这个信号是真实的，并且很有可能是由暗物质产生的。我在大大小小的研讨会和学术会议上就这项研究做了几十次发言，试图说服尽可能多的同行，告诉他们这是一个很有意义的结果，值得认真对待。与此同时，我继续以新的方法研究这些数据，并在2011年与加州大学圣克鲁兹分校的研究生蒂姆·林登（Tim Linden）一起发表了第三次分析的结果。

从2012年开始，其他的科研团队陆续开始发表他们对这些数据的分析结果，并且每一个团队都识别出了与我和我的合作者所发布的非常类似的信号。我感觉受到了认可，也很兴奋，并且期盼讨论的焦点最终可以从这些信号是否存在转移到是什么产生了这些伽马射线的问题上，但是这种转变并没有如我所愿地发生。即使是这些新的研究被发表之后，许多隶属于费米望远镜团队的科学家仍然坚称根本不存在这种信号。

在此期间，许多科研团队都在兢兢业业地工作，以便更好地理解这些数据。整个2013年，我都在一个由来自哈佛大学、麻省理工学院、费米实验室和芝加哥大学的科学家组成的团队中工作，我们采用了各种不同的分析技术和方法来测试和检查费米望远镜的数据。2014年2月，我们在一篇很长的论文中展示了我们的研究结果，并最终说服了很多科学家，让他们相信了这种信号确实存在。甚至美国国家航空航天局（NASA）也以操作费米望远镜的科学家的名义发布了一份新闻稿，承认这个信号确实存在于数据中。经过了将近5年的时间，人们才开始达成共识，认为确实存在这一信号。然而，这种信号到底是不是暗物质产生的就完全是另一个问题了。

在那时，我们已经对费米望远镜观测到的来自银河系中心的伽马射线信号有了很深的了解。它的强度、它的光谱形状，甚至是它在天空中的分布范围，都被相当精确地测量过。在这些方面，测量结果都与暗物质湮灭的结果非常一致。例如，假设这些信号确实来自暗物质，那么这些伽马射线在天空中的分布应当与暗物质在银河系内部的空间分布相一致。专门研究星系的形成和演化的天体物理学家曾预测过暗物质在银河系中的分布情况，而观测数据和他们的理论预测非常吻合。这些横跨天空的伽马射线的图样看起来和我们预期中来自暗物质的伽马射线很像。

另一方面，利用费米望远镜的数据，我们不仅能确定这个信号是不是真的来自暗物质，还可以测量暗物质粒子本身的性质和特征。特别是，在这种相互作用中产生的伽马射线的光谱会告诉我们很多有关暗物质粒子，以及它们如何相互湮灭的信息。费米望远镜测量到的光谱与我们根据大约50到60倍质子质量的暗物质粒子预测的结果很吻合，这些暗物质粒子在湮灭后主要产生夸克和胶子。此外，信号的整体强度也告诉我们，这些粒子湮灭的速率一定和通过弱力进行相互作用的粒子差不多。换句话说，测量结果似乎与我们根据基于WIMP奇迹的理论做出的预测相一致。在这个角度上看，这些伽马射线看起来很像是暗物质的信号。

但即使考虑到这些因素，科学界仍然固执地持怀疑态度，迟迟不愿接受新的发现。在大多数情况下，这是一件好事，毕竟人们声称的新发现当中，绝大多数最终都是一场空欢喜，如果你在每一个这样的发现上都投入大量的时间，那你就永远无法完成其他任何事情了。而且，尽管这个伽马射线信号的特征与暗物质粒子湮灭的预期特征大致相符，但这并不能证明暗物质就是正确的解释。换句话说，仅靠一只鸟像鸭子一样嘎嘎叫并不能证明它一定是鸭子。

早在2010年，包括我在内的很多科学家就开始积极地思考，有没有什么天体物理源或是天体物理机制有可能产生类似于我们在费米望远镜的数据中发现的那种信号。然而，随着数据量的增加以及分析技术的改进，这些想法中的大多数都被否定了。例如，我们中的一些人很早之前就推测构成这个信号的大部分伽马射线可能来自银河系的超大质量黑洞。天文学家此前已经知道，在银河系的中心有一个巨大的黑洞，其质量大约是太阳的400万倍。这样一个物体可以将粒子加速到足以产生费米望远镜观测到的那种高能辐射，因此这一推测当然合乎情理。但是现在我们知道，我们观察到的伽马射线信号从银河系中心发出之后，朝各个方向扩散出去的范围至少有10度以上（相比之下，从地球上看，太阳和月亮的直径大约只占0.5度），这个尺寸实在太大了，所以它不可能是由单一来源产生的。我们还考虑到，最近在银河系中心附近发生的一系列事件可能会将大量的电子或质子加速到极高的速度，这些粒子在向外移动并与周围的气体和星光发生相互作用时可能会产生伽马射线。然而，随着我们掌握的数据越来越多，这种情况发生的可能性也越来越低。现在看来，这种宇宙射线的爆发似乎与这个信号没有太大的关系。

然而，对这种信号还有另外一种似乎还挺有前景的解释。如果你去问一些伽马射线天文学家，最有可能产生这些伽马射线的是什么，他们会几乎异口同声地回答你：脉冲星。

终其一生，恒星都在向内的引力以及核聚变产生的向外的压力之间保持平衡。对于大多数恒星来说，这种平衡状态会持续数十亿年甚至数百亿年。不过，核燃料终将耗尽，而在这之后，引力就会将恒星紧紧握住，将它变得面目全非。

大约50亿年后，太阳核心的氢就将耗尽，到那时引力会把它巨大的质量压缩到与地球大小相当的体积内，形成一种完全死亡的致密天体，我们称之为白矮星。恒星越大，消耗燃料的速率就越快——大质量恒星燃烧得很炽烈，但也会很快奔向死亡。质量在几十倍到几百倍太阳质量左右的恒星的核聚变大约只能维持几百万年，之后它们会在巨大的引力引发的绚丽爆炸——超新星爆炸中结束自己的生命。其中质量最大的那些恒星会在爆炸之后变成黑洞。黑洞是自然界中最极端的物体之一，完美代表了引力对于世间万物的全面掌控力——所有的物体完全屈从于引力的意志，甚至连光都无法逃脱。

尽管引力总是能够占据上风，但也不是每次都能大获全胜。一颗质量是10到30倍太阳质量的恒星会爆炸变成超新星，但是不会完全坍缩成黑洞，而是变成另一种奇特的天体，即中子星。

中子星也许没有黑洞那么极端，但也算是难以想象了。这种恒星的组成物质与我们日常生活中的任何东西都不同。中子星的前身坍缩时，引力的作用极其强烈，甚至改变了物质本身的性质。在这种坍缩的过程中，原子被巨大的力集中到一起。尽管电磁力用尽全力来抵抗这种压缩，但还远远不够。总之，几乎所有的电子和质子都被摧毁了。最终剩下的是一种完全不同的物质形式，完全由中子构成，密度大到难以想象。

　　中子星如此之高的密度非常值得深究。电磁力的作用会使电子彼此之间保持尽可能远的距离，这限制了指定体积内可以塞下的普通物质的量，因此任何普通材料的密度都几乎不可能被压缩到20克每立方厘米以上。即使是地球上密度最大的物质（金属锇）的密度也只有22.6克每立方厘米。但与普通物质不同的是，组成中子星的物质没有电子或质子来抵抗压缩。结果就是，引力的效果几乎无法阻挡，坍缩的恒星被挤压到一起，直到大约一个太阳的质量被压缩到比一个小城市还要小的体积内——形成的物质，其密度比地球上密度最大的东西还要高出数万亿倍。

　　对于坍缩的恒星来说，这种突发的压缩过程还会引发另一个后果。大多数恒星都会缓慢地绕自转轴旋转，比如太阳大约每25天自转一周。但是当一个旋转中的物体被压缩时，它会旋转得更快。如果你看过花样滑冰比赛的话，那你一定对这样的画面很熟悉——一个花样滑冰运动员将伸出的手臂收回之后，她的自转速率就会加快。一颗恒星在坍缩成中子星之后，它的自转也会加快，而且快得不是一星半点儿。如果太阳突然被压缩成一颗中子星的尺寸，那么它自转的速度将会接近每秒1 000圈。因此，年轻的中子星不仅密度高得离谱，自转速度同样快得惊人。

　　一颗年轻的中子星在旋转的过程中会产生极高的能量。这些能量会以高强度的无线电波以及伽马射线的形式，逐渐逃逸到周围的世界中。在中子星自转的同时，这些光束就像灯塔一样指向不同的方向。从我们的视角看来，一颗中子星每自转一周，它的光束将会从我们这里扫过一次或两次，形成一种强烈的光亮和黑暗交替出现的图样。这些中子星独有的光脉冲令它们有了这么一个名字：脉冲星（见图7）。

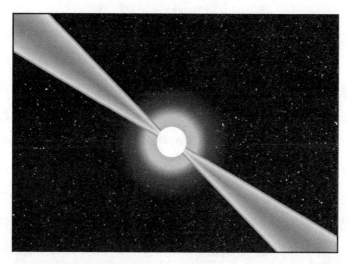

图7　脉冲星是高速自转的中子星，会发射出强大的无线电波和伽马射线

　　脉冲星本身就是一种很引人注目的天体。通过观察这种极端的天体，天文学家不仅了解了这种完全由中子构成的奇特的物质形式，也对恒星的演化有了更深的了解。此外，这些天体附近的引力作用极为强烈，因此我们可以通过观测它们来检验

爱因斯坦广义相对论的正确性。由于许多诸如此类的原因，脉冲星受到许多天文学家的青睐。但是对于我们这些寻找暗物质的人来说，脉冲星往往会让我们的努力毁于一旦。尽管它是如此令人着迷，但是在这个宇宙中，几乎没什么比脉冲星更让我讨厌的东西了。

*　　*　　*

自1967年第一颗脉冲星被发现以来，射电天文学家已经观测到了散布在银河系各处的数千个此类天体，我们利用费米望远镜对其中的200多个进行了观测。对射电天文学家和伽马射线天文学家来说，脉冲星应该是关注度最高的天体了。

然而，在费米望远镜投入使用之前，我们对脉冲星如何产生伽马射线知之甚少。费米望远镜的前辈高能伽马射线实验望远镜（EGRET）就已经在一些这样的天体上观测到伽马射线了，但直到费米望远镜投入使用，这一研究领域才真正成熟起来。如今，我们对许多脉冲星都进行了详细的测量，揭示了它们的伽马射线发射强度如何随自转发生变化，还绘制出了它们的伽马射线光谱。事实上，让众多暗物质研究者感到挫败的正是脉冲星的光谱形状——因为它碰巧和我们预测的暗物质信号相似。我们在搜寻暗物质的过程中总是会走进脉冲星的圈套。

　　正如费米望远镜观测到的来自银河系中心的信号一样，大多数脉冲星的伽马射线光谱都在2 GeV能量附近有一个独特的隆起状特征。银河系中心附近的大量活跃脉冲星在费米望远镜的视野中形成了弥漫的伽马射线云，光谱中的峰值即来源于此。换句话说，如果有大量（数以万计的）发射伽马射线的脉冲星以恰当的方式分布在银河系中心处，那么费米望远镜就很难将它们发出的伽马射线与真正源自暗物质的信号区分开来。

　　所以到底哪一个是对的呢？这个信号来自暗物质还是脉冲星？事实上，我们还不知道。一方面，与仍然只存在于假设中的暗物质粒子不同，脉冲星是确实存在的，这一简单的事实就是认真对待脉冲星这种可能性的最好理由。但是另一方面，到目前为止，我们在银河系中心附近只发现了一颗脉冲星，而它并不是我们设想中的能产生这种伽马信号的脉冲星。如果在银河系中心附近真的有大量的脉冲星，那我们应该早就发现其中发出的伽马射线最明亮的那几颗了——但是我们并没有找到它们。

　　如果这是脉冲星发出的信号，那我们总会有一天能找出这些脉冲星。由数千个相互协调的天线组成的新型射电望远镜目前正在建造，它们将会"看到"更多的脉冲星，其中或许就包括能形成费米望远镜信号的那些。如果银河系中心附近真的有那么多脉冲星，那么在未来的几年中我们将会发现其中的几十到几百颗。但是，如果这些射电观测没能发现大量脉冲星，那就几乎排除了伽马射线来自脉冲星的这种可能性，从而有力地支持这些伽马射线是由集中在银河系核心处的暗物质粒子产生的这一观点。

在我写下这句话的时候，我们仍然不知道费米望远镜观测到的信号是由什么产生的。但总有一天（也许这一天很快就会到来），这种情况会发生改变。如果我们确定了这些伽马射线的确来自暗物质，会怎么样？这会帮助我们了解暗物质的本质吗？我们能不能通过它了解一些关于宇宙及其早期历史的事情呢？

如果从银河系中心观测到的伽马射线被证实是真正来自暗物质的信号，那么我们会从中获得巨量的宝贵信息。首先，我们可以通过光谱的形状得知单个暗物质粒子的质量，以及它们相互湮灭时产生的物质和能量的种类等信息。而知道了这些之后，我们就可以极大地缩小可以构成这种物质的假想粒子的范围。第二，这个信号的整体强度可以让我们推断出导致暗物质湮灭的相互作用的强度。我们可以从银河系中心观测到的伽马射线的亮度了解到，暗物质的湮灭速率和我们预想中通过弱力进行相互作用的湮灭速率相差不大。可以说，这个信号在很大程度上支撑了WIMP奇迹的成立。

　　通过研究暗物质粒子如何在银河系中心相互湮灭，我们还可以了解宇宙历史的最初阶段。一对暗物质粒子的相互湮灭越容易发生，这种物质就越难以在大爆炸的高温中幸存下来。但是这样的结论是基于一些有关早期宇宙的假设得出的。例如，当我们计算在大爆炸中幸存下来的暗物质的数量时，我们通常会假设，早期宇宙的能量绝大多数是由以光速或接近光速运动的粒子构成的。从对轻原子核（氢、氘、氦、锂）丰度的测量结果来看，我们可以确信，从大爆炸后1秒左右到大约10万年的这段时间里，高速移动的粒子构成了宇宙中的大部分能量，而在这之后，暗物质开始逐渐走向舞台中央。但是回溯到大爆炸后1秒左右的时间点上，我们目前还无法确定这个时候宇宙膨胀得有多快，也无法确定空间中充满了何种物质或能量。早期宇宙的膨胀速率完全有可能与我们现在所认知的有所不同。

　　这就是研究暗物质如此重要的原因之一。我们可以通过测量暗物质相互作用的方式，来了解宇宙早期的情况。我们在银河系中心观测到的假如真的是能够产生伽马射线信号的暗物质粒子，它们在大爆炸后的百万分之一秒内就已经开始大量产生了。就像宇宙学家通过研究轻元素来了解宇宙在最初几分钟内的膨胀速率那样，我们也可以通过测量暗物质的相互作用来了解宇宙更早期的膨胀速率。现在，我们对宇宙历史的最初几秒钟还一无所知。如果我和我的合作者发现的伽马射线信号真的是由暗物质的相互作用产生的,那么它将为我们研究早期宇宙提供一种新的方法。暗物质很可能是我们第一次了解大爆炸后百万分之一秒的宇宙的窗口。

对暗物质的全新思考

你的猜测无论有多美妙都不重要。无论你有多聪明，你是谁，你叫什么名字，都无所谓。只要与实验结果不符，那它就是错的。

——理查德·费曼

我们有充分的理由对正在进行的对于暗物质粒子性质的探索和理解的进度持乐观态度。首先，从银河系中心观测到的伽马射线信号很有可能是暗物质粒子相互作用并成对湮灭的结果。如果这是真的，那么我们或许就可以最终确定这种神秘物质的本质，并了解它在早期宇宙中是如何形成的。

但是，如果我们确认这个信号实际上是由数千颗脉冲星或者是其他天体物理源或天体物理机制产生的呢？这会带来什么后果？在地下实验以及LHC中还是没有任何暗物质存在的迹象，这非常令人失望。随着这些实验的灵敏度越来越高，想要解释为什么没有出现这种信号变得愈发困难。毕竟，如果暗物质真的是由WIMP组成的，那我们就有充分理由相信这些实验应该能够探测到这些粒子，但是它们并没有。

这种情况促使许多宇宙学家重新评估他们对于暗物质及其性质的看法。每有一次新的实验未能探测到这些粒子，我们就愈发觉得有必要重新审视并修正我们长期以来对于这种物质的看法。也许暗物质并不是由我们长久以来一直寻找的那种粒子构成的，而是以一种迥然不同的形式存在着，并且也有可能是在大爆炸后的最初时刻以不同寻常的方式产生的。

近年来，许多物理学家的信心都有所动摇，这不仅仅是因为缺少清晰而明确的探测信号。在LHC投入运行之前的几年里，我的大多数同事（包括我在内）都觉得这台仪器将会开启一个粒子物理学的新时代，我们会在这个新时代里发现许多新的物质和能量形式。尽管科学家在2012年用LHC发现了找寻已久的希格斯玻色子，但是此后再也没有出现过其他新的进展。LHC让我们能够对已知的粒子和相互作用进行极其精准的测量，但它的表现远远没有达到我们许多人的预期。

关于像LHC这样的仪器能否发现新的粒子种类，人们已经争论了很多次。最直接的（尽管不一定是最具说服力的）就是基于以往经验的论证。在整个20世纪，几乎每一次物理学家建造出规模和性能都有大幅提升的加速器时，这些仪器都能带来新的发现。之前的高能质子对撞机，即费米实验室的万亿电子伏特加速器，在1995年发现了顶夸克。而在它之前，欧洲核子研究组织（CERN）的超级质子同步加速器（Super Proton Synchrotron）在1984年发现了W和Z玻色子。20世纪70年代的加速器则发现了胶子、τ子和粲夸克。尽管当时建造和运行这些仪器的物理学家并不是每一次都清楚地知道他们会找到什么，但新发现还是不约而至。几十年来，这些实验发现了一连串新的物质和能量形式，以及这些粒子的性质和相互作用的新方式，令人瞩目。

但是历史记录并不是许多物理学家确信LHC会做出新发现的唯一原因。自20世纪60年代末以来，所谓的标准模型理论一直是粒子物理学的基础，这一理论预测的17种粒子接二连三地被发现。W和Z玻色子、顶夸克以及希格斯玻色子早在被直接观测到的几十年前就出现在标准模型的预测中了。在测量了这些粒子以及其他粒子的性质之后，我们发现，它们与根据标准模型进行数学推导后得出的预测完全吻合，无一例外。标准模型凭借其不可思议的预测能力以及大量的实证验证，名副其实地当选为科学史上最成功的理论。但是，尽管取得了如此辉煌的成就，标准模型仍然存在着一个主要的问题。这是一个有缺陷的理论，它并不完整。

　　根据标准模型，粒子与希格斯玻色子的相互作用（或者更准确地说，与遍布整个空间的希格斯场的相互作用）会使这些粒子的速度减慢，并携带更多的能量。换言之，粒子通过与希格斯场的相互作用获得质量。反过来也一样，每一次与粒子的相互作用都会增加希格斯玻色子自身的质量。问题就出在这里。当我们考虑到所有这些相互作用引发的效应时，只能得出一个与我们今天所看到的宇宙根本不相容的结论。这个计算的结果告诉我们，希格斯玻色子应该是它实际的质量的几万亿倍。

　　物理学家有几种迥然相异却又同样正确的方法来思考这个问题，其中之一就是用引力和弱力的对比来进行表述。问题在于，与其他已知的力相比，引力实在太过微弱——就连弱力都要比它强10^{32}倍。在标准模型的背景下，这两种力在强度上的巨大差异很难解释。而根据我们的计算，希格斯玻色子的相互作用应该会使它的质量（以及 W 和 Z 玻色子的质量）急剧上升，这反过来又会使得弱力的强度比实际情况弱得多。根据我们对标准模型的了解，这一机制的动力学应该会让希格斯玻色子的质量大到我们用任何加速器都无法找到它，同时弱力的作用也会弱到微乎其微，但事实并非如此。希格斯玻色子的质量虽然挺大，但也没有那么夸张——大约是质子质量的133倍。

而至少相对引力而言，弱力一点儿也不弱。

这个问题被称为级列问题，早在几十年前就受到了理论物理学家的极大关注。尽管多年来人们提出了许多解决方案，但其中的大多数都只是权宜之计，没有完全地解决问题。然而，有一种观点可以真正地驯服希格斯玻色子，控制住它的质量，并解释清楚为何引力和弱力之间如此巨大的差异能够持续存在。这种观点被称为超对称，它吸引了所有物理学家的目光，可能是当代物理学中最引人注目的观点。

超对称作为一种数学模型的发端可以追溯到20世纪70年代，但是直到20世纪80年代初，它才开始呈现出类似于现在这种形式的样子。超对称假设两组不同的粒子（费米子和玻色子）之间有密切的联系。费米子包括所有的轻子和所有的夸克，而光子、胶子、W和Z玻色子以及希格斯玻色子都是玻色子。超对称背后的中心思想是，每一种费米子都与一种具有许多相同性质的玻色子直接相关，即互为"伙伴"，反之亦然。例如，要使得电子能够存在，就必须有一个电荷以及其他量子特性都相同的玻色子伙伴——标量电子。而对于光子而言，超对称假设自然界中一定也有它的费米子伙伴——光微子。

尽管这个理论所假设的超对称伙伴都没有在任何实验中被直接观测到，但是许多物理学家都认为超对称的魅力实在难以抗拒。首先，超对称的数学结构非常深刻而美丽。可能有很多人会感到惊讶，但在理论物理学中，美学上的考虑往往会起到重要的指导作用。更重要的是，如果超对称真的嵌入了自然的结构中，物理学家就更容易理解不同的基本力如何在相同的统一框架下组合在一起。例如，物理学家一直在探索标准模型的量子性质如何能够与爱因斯坦的广义相对论统一，弦论是目前这类理论中最有前景的一个。但事实证明，只有在自然是超对称的前提下，弦论才能成为可行的量子引力理论。超对称的存在将帮助我们理解自然界中一些最复杂的东西，让我们得以建立更加简洁有力的理论来解释我们的宇宙。

除了帮助我们实现这些更宏伟的目标外，不可思议的是，超对称还能帮助我们解决级列问题。费米子和玻色子对希格斯玻色子质量的增量是相反的。简单地说，标准模型中的每一个粒子对希格斯玻色子质量的增量都可以量化成一个数值，你可以把费米子的数值看作是正的，而玻色子的数值则是负的。你需要把所有的数值加在一起来计算这些粒子对质量的总增量。这一计算的结果应当大致等于最大增量的值，也就是与顶夸克的相互作用产生的增量。

现在我们假设宇宙是超对称的。对于每一个费米子的正增量，它的玻色子伙伴都会自动给出相应的负增量。当把所有数值加总以后，我们可以发现，费米子和玻色子对质量的增量几乎完全抵消了，这使得希格斯玻色子的质量远远低于非超对称情况下的预测值。只要超对称伙伴的质量没有过高，我们就很容易解释为什么希格斯玻色子能够以现在这样的形式存在于我们这个世界中。

除了级列问题之外，许多物理学家还认为超对称可能也为暗物质问题提供了解决方案。在许多超对称理论中，超对称伙伴中最轻的粒子非常稳定，并且通过弱力与其他粒子发生作用——这与我们预想中的暗物质候选者的特征正好相符。这种粒子可能是光子、Z玻色子或是希格斯玻色子的超对称伙伴，或是它们的某种组合形式。无论如何，这样的超对称伙伴都有可能是WIMP中的一员。

在LHC运行前的几年里，超对称风靡一时。当时大多数被广泛研究的暗物质粒子候选者都是超对称伙伴，绝大多数粒子物理学家预计，这台仪器最终将至少发现这些超对称伙伴中的一部分。但是随着时间的推移，仍然没有超对称伙伴出现的迹象。超对称有许多美妙的特性，这使得许多物理学家想当然地认为它存在于自然中。问题是，如果超对称真的存在，那么LHC应该早就观测到它了，但事实上并没有。

由于LHC的存在，我们现在知道了，如果真的存在超对称，那么至少有一些超对称伙伴的质量在希格斯玻色子的10倍以上，比质子重1 000多倍。尽管有一部分物理学家认为超对称伙伴如此之重不足为奇，但事实上，我的大多数同事并没有预料到这一点。现在的情况就是，大家对于超对称的热情已然消退。我们很多人现在对于超对称的存在都打上了一个问号，对如何理解和解决级列问题也不再抱有信心。

LHC的实验结果动摇了粒子物理学的核心。在整个20世纪下半叶，理论粒子物理学家预测的新粒子种类一次又一次地被新的、更强大的加速器证实，那可真是一段令人印象深刻的时光。但是这条预言之路似乎已经走到了尽头——我们很早之前预测的与超对称相关的粒子一直不见踪影。也许超对称或是其他类似的什么东西很快就会被发现，我们的信心也会很快恢复。但是现在，说实在的，我们完全不知道该如何解决级列问题，如何完善标准模型，以及如何将暗物质融入宇宙的量子结构中。

20年前，物理学家以为他们已经有了一个很好的方法能够用来探测组成暗物质的粒子，并且准备开始测量它们的性质。基于WIMP奇迹的理论似乎清楚地表明，我们后来建造的大型地下探测器（可能还包括LHC）足以发现这些粒子。但是随着时间一天天地过去，这些粒子仍然杳无音讯。也许在不久的将来，我们就能探测到构成暗物质的粒子，并恢复WIMP研究范式的超群地位。但是也有可能不是这样，也许我们会从这些实验中获知一些完全不同的事情，也许暗物质根本就不是WIMP

构成的。但是如果不是WIMP，那又会是什么呢？

如果科学家做出的预测没被证实，他们会静下心来仔细地思考到底是哪里出了问题。他们的论证在逻辑上有缺陷吗？在论证过程中有没有发现其他可能改变预测结果的东西？是不是支撑这一观点的某条假设需要重新审视？

在第7章中，我解释了从大爆炸中幸存下来的暗物质的数量与这些粒子和普通物质之间发生相互作用的频率有关。根据这个计算，我们认为暗物质很可能通过弱力或是其他强度大致相当的某种未知的力进行相互作用。我们本以为这种相互作用是可以探测到的，但是随着我们年复一年地在实验中一无所获，我们不得不开始考虑这样一种可能性：暗物质与普通形式的物质和能量之间的相互作用可能没有我们之前想的那么频繁。十年前，我们认为暗物质的相互作用很弱。而现在我们要思考的是，暗物质到底会不会与可见的世界发生相互作用。

在WIMP奇迹背后的计算过程中，有几个重要的先决条件，或我们可以称之为假设。尽管这些假设似乎很有可能是正确的，但如今我们需要对它们进行更多的审视。

回顾一下我们之前想象中的WIMP在宇宙的初生时期经历过哪些转变。在对这一事件的标准描绘中，宇宙在一开始包含大量暗物质粒子，它们在极热的物质和能量中不断地产生并消失。但是在仅仅在一瞬间之后，这些粒子就所剩无几了，并且仅剩的这些粒子也都几乎停止了相互作用。我们对于这些事件的描述可能会被证明是对的，但它依赖于一个有关暗物质本质的关键假设，即暗物质与其他形式的物质之间发生相互作用的频率足以使得暗物质在早期宇宙中大量产生。但是如果情况并非如此呢？有可能暗物质的相互作用极其微弱，暗物质从一开始就没能大量产生。如果是这样的话，情况就和我们之前所想的（大部分暗物质都消失了，现在剩下的只是一小部分）不太一样了，暗物质可能是在后来随着宇宙历史的发展而逐渐或是突然间形成的。

物理学家在一开始考虑WIMP奇迹背后的计算过程时之所以并没有担心这一点，也有充足的理由。首先，即使暗物质与普通物质只能通过最弱的力发生相互作用，最早期的宇宙中也会自然而然地充满暗物质，哪怕相互作用强度只有弱力的100万分之一也足以产生这样的结果。但是如果不存在这样的力呢？也许除了引力的作用之外，暗物质根本就不通过任何已知的力与任何已知的物质或能量形式发生相互作用。如果是这样的话，那么暗物质可能几乎完全独立于宇宙中其他的物质和能量而存在和演化，这就极大地开拓了我们对于以往WIMP的想象空间。

你甚至可以想象，其实还有很多种几乎不与任何已知物质形式发生相互作用的物质，而暗物质仅仅是其中的一员。这些难以捉摸的粒子构成了物理学家所说的隐藏区，它们会通过非常复杂的方式进行演化和相互作用。如果隐藏区粒子无法与普通物质相互作用，那么或许有些人会担心，从大爆炸中幸存下来这类物质的数量可能会很大，远远超出我们在今天的宇宙中测量到的暗物质丰度。但是，暗物质的数量可能已经在与多种隐藏区物质的相互作用中被充分消耗了。事实上，对粒子物理学家来说，提出符合这种机制的隐藏区模型是相当容易的。

在构成了隐藏区的粒子中，可能存在着我们仍未观察到的力和相互作用，这是因为我们目前已知的所有物质或能量形式都未曾与它们发生过相互作用。如果我们从未观察到任何夸克和胶子（或是由夸克和胶子组成的粒子），那么我们也不会知道强力的存在。如果暗物质是庞大而复杂的隐藏区的一部分，那么它们可能会在某种力的影响下与其他形式的隐藏物质和能量结合在一起，形成所谓的暗原子核以及暗原子。我们甚至有可能在某一天发现隐藏区元素周期表之类的东西，这样的可能性是无穷无尽的。

宇宙学家为了计算出有多少暗物质在大爆炸后的第一个瞬间产生并存活下来，必须对这种物质及其相互作用的性质做出一些假设。但是他们也必须对宇宙本身做出一些假设，比如宇宙在初生时刻的膨胀速率就对这个计算的结果影响很大。

物理学家在计算空间膨胀的速率时需要使用爱因斯坦的广义相对论，更确切地说，使用的是亚历山大·弗里德曼于1922年从爱因斯坦的理论中推导出来的方程。这些方程中需要输入的参数非常简单，可以归结为两点。第一是空间的几何形状，我们的宇宙是平直的，至少也是非常接近于平直的。第二是宇宙中存在能量的数量。以现在的宇宙为例，其平均能量密度略高于每立方米10^{-23}克（大约相当于6.3个质子的重量）。这个数字包含了原子和其他普通物质，以及暗物质和暗能量。将其代入弗里德曼的方程之后，得出的膨胀速率大约相当于空间中两点之间距离每多1光年，则远离的速率增加1英寸（2.54厘米）每秒。例如，两个相距10亿光年的星系之间彼此远离的速率大约是每秒10亿英寸。按照这个速率，这两个星系之间的距离在经历1亿年之后才能增加1%。从人类的角度来看，现在宇宙演化的速率实在是慢得不可思议。

但是情况并非总是如此。宇宙年轻的时候密度极大，温度极高，这意味着它包含大量的能量。以大爆炸后一秒钟的宇宙为例，当时充满整个空间的海量粒子的能量密度相当于每立方米2×10^{15}克——大约是地球密度的10亿倍。在这种密度下，空间膨胀的速率比现在快得多，完全不像是每光年1英寸每秒这种死气沉沉的膨胀，而是整个空间以肉眼可见的速度迅速膨胀起来。如果现在的宇宙膨胀的速率还是像那时一样，我就会目送我的咖啡杯（现在就在我手边大概几厘米的地方）以大约每秒1米的速度离我远去，而桌对面的物体离开的速度大致相当于棒球职业比赛中投手投出的快球。至于距离我们超过10 000千米以上的物体，它们离开的速度比光速还要快——完全从我们的视野中消失了。

我们在进行这种计算时，会将所有已知的物质和能量形式（包括在LHC和其他加速器中观测到的所有粒子）考虑在内。但是正如我们之前讨论过的，LHC有盲点，很可能存在一些在早期宇宙中非常丰富但是现在不被我们知晓的物质形式。如果是这样的话，那么宇宙膨胀的方式可能与我们目前计算的结果大相径庭。如果早期宇宙膨胀的速率与我们现在设想的不同，那么暗物质粒子的相互作用以及幸存下来的数量也会不同。

宇宙在诞生后第一秒内膨胀并演化的情况有着无限的可能性。未知的物质和能量形式可能会增加膨胀的速率，但是在这最初的时刻也有可能发生了一些比这还要奇怪得多的事情。宇宙学家在进行这类计算时，通常会假定空间的膨胀和冷却速率会在这段时间内逐渐减慢，但也许这段时期并没有在如此简单和平稳的状态下结束。我们有充分的理由推测，在宇宙的早期历史中可能发生过剧烈的事件和转变，而它们可能在很大程度上影响了暗物质的起源。例如，我们知道，为了使宇宙中那些组成原子的粒子在大爆炸的高温中幸存下来，物质的总量必须以某种方式超过暗物质的总量。根据萨哈罗夫的第三个条件，这一事件必须以宇宙在早期经历过突然而猛烈的转变为前提。

也许宇宙经历过一次短暂而突然的膨胀，或是在初生时期的某一时刻经历了一次剧烈的相变。还有一种可能是，有一些粒子发生了衰变，这一过程使宇宙的温度升高，改变了宇宙的演化过程。各种可能发生的情况比比皆是，而这样的事件可能极大地影响了宇宙初生时期暗物质的形成和相互作用。如果有一天我们知道了的确发生过这样的事件，那么我们对于暗物质性质的预测，以及用于探测暗物质的实验都需要从根本上修正。它甚至可以解释为什么暗物质在这么长的时间内都如此神出鬼没。

我在本章中描述了一些非常奇怪的观点。现在有这么多的可能性摆在面前，而我进行的这些推测几乎没有（甚至是根本没有）什么能依赖的实证经验，似乎完全是在放飞我天马行空的想象力。这在某种程度上是对的。早期宇宙中有许多事物是我们目前还不了解的，我们也几乎无法通过天体物理观测或是地球上的实验来验证相关的猜想，而这为我们打开了想象的大门——哪怕是有些疯狂的想象。我在本章提到的所有观点中，最不可思议的一个可能就是宇宙经历过一次突发的爆炸性膨胀。但事实证明，这种可能性也很有可能是真实发生过的。

在过去的几十年里，我们积累了大量的证据来支撑这样的结论：宇宙在早期确实经历过一段短暂的急速膨胀——我们称之为宇宙暴胀。尽管暴胀的持续时间可能只比十亿亿亿亿分之一（$1/10^{33}$）秒稍微多一点点，但是宇宙在此之后却发生了彻头彻尾的改变，完全焕然一新。而且，出人意料的是，宇宙学家最近了解到，宇宙的膨胀速率并没有像我们长久以来预期的那样逐渐减慢，而是在过去的几十亿年中开始加速。虽然还没有了解得很确切，但是宇宙似乎正在进入一个快速膨胀的新时代。

宇宙在这些极端的时代下的模样与我们现在生活其中的这个宇宙几乎没有共同点，我们的世界似乎正处于两场规模惊人的暴风雨之间的平静时期。所有的迹象都表明，我们的宇宙从一个与现在迥然不同的状态中产生，最终也很有可能去往一个迥然不同的状态。

10

一闪而过的时间

真理是时间的女儿。

——约翰内斯·开普勒

　　我们今天所看到的宇宙是一个充满了物质和辐射的宇宙。这些物质呈现出多种不同的形式，从恒星和行星到镶嵌在暗物质晕中的星系。虽然构成这些物质的材料可能各不相同，但它们有一个共同点：它们都是在大爆炸的高温下形成的。而在那之后，它们就随着空间的不断膨胀而被逐渐稀释了。

　　但是宇宙并不是一直这么平静的。虽然我们自己生活在一个稳定而持续变化的时代，但现代大多数宇宙学家都认同，宇宙曾经在最初的极短的一段时间内经历了剧烈的爆炸式膨胀。在这个被称为宇宙暴胀的时期，空间膨胀的速度实在太快，基本上所有的物体之间远离的速度都远远超过光速。在这种情况下，任意两个粒子在能够发生相互作用之前就会彼此远离，于是每个量子粒子都会处于孤立状态。空间和时间的本质决定了暴胀是一个十分孤独的时代。

宇宙暴胀迅速开始，迅速结束，在此之后宇宙的膨胀趋于平稳。虽然这种新的状态仍然极其炽热且稠密，但它不像暴胀时期的情况那样令人感到陌生。从某种意义上说，我们可以把暴胀的结束看作是我们所生活的这个宇宙的真正开端。

尽管现代大多数宇宙学家都有充足的理由相信，在宇宙诞生之初发生过暴胀或是类似的事件，但这个观点在科学领域还是相对新的。第一批研究大爆炸的科学家并未讨论过像暴胀这样的问题。包括乔治·勒梅特、乔治·伽莫夫、拉尔夫·阿尔弗在内的研究者都认识到了宇宙正在膨胀，并且在100多亿年前从一个炽热而稠密的状态中诞生，但是他们对这个宇宙的了解还不足以让他们推断出宇宙曾发生过像暴胀这样奇怪的事件。

在20世纪60年代初，大爆炸并未成为学界共识，物理学家认为它只是一种颇具争议的推测，几乎算不上严肃的科学研究。但在短短10年左右的时间里，支撑这一宇宙学研究范式的观测证据变得势不可当。宇宙微波背景的发现以及随后针对其进行的测量为大爆炸理论打下了坚实的实证基础，随后一系列的测量和观察又进一步支持了该理论。到20世纪70年代末，这些观测证据足以让科学界相信，我们所生活的宇宙确实是从我们称之为大爆炸的高温高密度的状态中诞生的。

也就是在这个时候，宇宙学家开始注意到这个理论中有一些无法解释的问题。首先，观测结果表明，宇宙的几何结构大致是平直的，没有明显的正曲率或负曲率。换句话说，欧几里得几何在这个宇宙中是适用的——平行线永不相交，三角形内角和为180°。这看起来没什么问题，但许多研究大爆炸的科学家对此大惑不解。在宇宙随着时间的推移慢慢膨胀的同时，它会变得更加弯曲。因此，宇宙若要达到现在这种近似平直的状态，它在年轻时就应当是几乎完全平直的——大约比现在还要平直10^{60}倍。宇宙只是碰巧如此平直的概率，就相当于你在后院里踩到一块原子那么大的石头，然后摔倒了。如此惊人的平直度绝不是偶然的结果，这需要我们给出解释，但当时的宇宙学家根本无法解释清楚。

更难解释的是宇宙微波背景不可思议的均匀性。无论从天空中的哪个方向测量，这种辐射的温度几乎都正好是绝对零度以上2.725 5摄氏度，最高的温度和最低的温度与这个数值的差异仅在十万分之一左右。宇宙学家对这一事实感到困惑，开始思考这是为什么。如果你从1 000个不同的地方收集到1 000个秒表，又发现它们的读数都完全同步，误差在1毫秒以内，那你就会理所应当地假设它们一定同时启动于过去的某一时刻。但是在宇宙微波背景这里，没有人知道这种来自宇宙不同部分的辐射为什么相似度这么高。从当时我们对宇宙了解的一切来看，这种情况都是不可能出现的。

为了更好地理解这种情况，可以想象我试图和一个遥远星系（比如埃德温·哈勃在20世纪20年代研究的那些星系中的一个）中的生物取得联系。由于任何物体在空间中的运动速度都不能超过光速，因此最快的方式就是朝它们的方向发送一束光。假设这个星系距离我们300万光年，你可能会以为这束光会在300万年后到达目的地，但需要注意的是，这个星系和我们之间的空间还在膨胀，所以我们之间会以大约每小时15万英里（约24万千米）的速度相互远离。因此，现在出发的光在旅途中耗费的时间比300万年要长——大约需要3 000 670年。

现在再构想一个更遥远的星系——它距离我们数千亿光年，而不仅仅是几百万光年。毫无疑问，这个星系和我们之间的空间膨胀得比之前那个快得多。但是这和之前的区别可不仅仅在于数量了，而是在于，相隔数千亿光年的两个地点之间的空间膨胀速率已经不只是快能形容的了，而是比光速还要快。虽然物体不能在空间中以超光速运动，但是空间本身并不受这个规则的限制。对于空间中相距很远的两点，它们彼此之间远离的速度没有上限。因此，我们无法将光或者其他任何信号发送到这个星系，这个星系也无法向我们传递任何信号。由于空间的不断膨胀，我们永远无法看到如此遥远的地方，也无法与之取得联系。它完全脱离了我们的视线，也不会被我们影响。

也就是说，宇宙的膨胀使得空间中的每一点都被一个无法跨越的视界所包围，在这个视界之外，什么东西都观察不到，也联系不上。在当前时代，宇宙视界是一个以我们为中心，半径约为465亿光年的球体表面。^①就实际意义而言，这个球体就是我们的宇宙，我们能看见、研究、见证、体会、交流、影响或是受到其影响的所有事物都在其中。这个球体的边界是完全不可跨越的，并将永远无法跨越——至少在宇宙的膨胀速率减慢之前是这样。超出这个距离的事物不仅脱离了视线，并且与我们完全隔绝。所有超出这个距离的空间都将永远从我们的世界消失。

纵观整个宇宙的历史，在任一时刻，空间中的每一点都像现在的我们这样被宇宙视界所包围着。不过，这些视界的大小也一直都在随时间稳步变化。宇宙在年轻时膨胀得更快，因此那时的视界比现在小得多。在宇宙微波背景辐射形成期间（大

---

① 你可能会想，自从大爆炸以来才经过了138亿年，怎么会有东西距离我们465亿光年之远呢？然而，由于空间在不断地膨胀，如果我们现在接收到一个物体130亿年前发出的光，那么它现在和我们之间的距离应该远远超过130亿光年。所以，这个距离和宇宙的年龄并不矛盾。

爆炸后约38万年），空间中的每一点都被半径约为100万光年
的视界包围着。从我们现在的位置来看，这个大小的空间区域
的直径大约是1度。这意味着我们观测到的横跨整片天空的微
波辐射背景并不是来自同一个因果相连的区域，而是来自成千
上万个完全互不影响的独立区域（见图8）。但是，如果不曾发
生任何相互作用的话，这些区域是如何达到几乎相同的温度的
呢？就像我之前打的那个比方说的，我们已经找到了成千上万
个完全同步的秒表，但是我们无法解释它们为什么会这样。

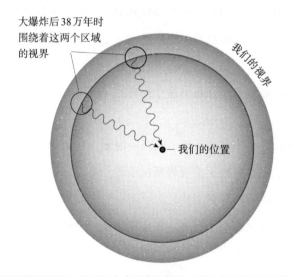

图8　由于空间的膨胀，我们被宇宙视界包围着，视界之外的任何事物我们都
看不见也摸不到。当宇宙微波背景在大爆炸后38万年产生时，空间中的每一点
周围的视界都比现在小得多。这就带来了一个问题：这些区域的温度是如何在
无法相互作用的情况下保持完全一致的？

到20世纪70年代，大爆炸理论已经成为宇宙起源和演化这一研究领域主导的科学理论，但是平直性问题和视界问题仍然没有得到解决。尽管大多数宇宙学家在这段时间里并没有在这些问题上做过多的纠缠，但它们无疑表明，这个在其他方面极为成功的理论存在很大的缺陷。如今，事后看来，这些问题可以告诉我们一些有关宇宙历史最早期的事情——这个时期可不像当时大多数宇宙学家想的那么简单。

有些令人惊讶的是，这些问题的答案并非来自宇宙学家，而是来自一位年轻的，甚至可以说是名不见经传的粒子物理学家阿兰·古斯（Alan Guth）。在听说了大爆炸宇宙学所面临的平直性问题和视界问题之后，古斯开始构思宇宙在初生时期曾经历过一段超高速膨胀的可能性——这是第一个宇宙暴胀理论。古斯推断，如果宇宙在这一时期膨胀得足够快，就可以解释为什么现在的宇宙如此平直。虽然充满普通物质和辐射的宇宙在膨胀时曲率会增加，但在暴胀中，宇宙的曲率却是在减小的，就像把一个气球吹大一样（见图9）。最重要的是，在宇宙微波背景形成时完全隔绝的区域在暴胀前是紧密相连的。暴胀时期的膨胀速度相当之快，会在短短的时间内将一块相对较小但近乎均匀的空间区域瞬间拉伸得比整个可观测宇宙还要大。也就是说，我们今天所能看到的空间中的每个点曾经都是相互联系的，这就为宇宙微波背景的温度为何如此均匀提供了合理的解释。

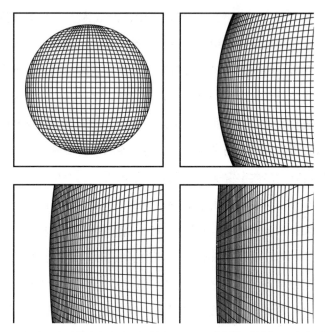

图9　宇宙在暴胀时期膨胀时，空间的曲率会减小，就像气球膨胀时其表面会变得越来越平坦一样

　　但是，即使这些疑问可以通过假设曾经有过一段超高速膨胀的时期来解释，光是认识到这一点远远不能解决所有的问题。还存在更重要也更有趣的问题：为什么会发生暴胀这样的事件？它又是如何发生的？是什么导致宇宙经历了如此令人难以置信的爆炸性增长？

　　暴胀理论的发端几乎可以追溯到宇宙学本身的起源。1917

年，爱因斯坦提出了广义相对论方程的第一个宇宙学解，不久之后，一些科学家也求得了其他的解。其中最奇特的一个是由荷兰天文学家、数学家威廉·德西特（Willem de Sitter）发现的。

　　从某种程度上说，德西特的宇宙学解与爱因斯坦得出的解有很多共同点。这两个解都以宇宙是均匀的为前提，并且都包含了爱因斯坦著名的宇宙学项，但是二者在一个至关重要的方面有所不同。德西特的解中不包含任何物质，也就是说，他想象中的宇宙是完全空无一物的。

　　当时的许多人都认为德西特的解只是为了满足他自己在数学上的好奇心。毕竟，我们的宇宙并不空旷——物质在我们的世界中有着举足轻重的地位。在爱因斯坦的解中，充满物质的宇宙趋向于收缩，而宇宙学项则反过来促使宇宙膨胀，二者共同作用维持着动态平衡。而德西特宇宙的演化完全是由宇宙学项的影响所驱动的。在德西特的宇宙中，没有物质与之对抗，宇宙学项会导致空间急剧膨胀，体积不断增大。事实上，如果宇宙学项的大小足够大，那么德西特的宇宙看起来就很像一个正在经历暴胀的宇宙。

　　在前面这几段以及在第3章中，我都是把宇宙学项当作一个纯粹的数学概念加以讨论的。但是物理学家在往他们的理论中加入这样一个数学结构的同时，也必须赋予它一个物理学上的解释。如果我们想要在暴胀理论的背景下认真考虑德西特的宇宙学解,那就需要考虑这个宇宙学项到底意味着什么。宇宙学项有什么物理意义呢?

简单来说,宇宙学项(无论是德西特的那个还是爱因斯坦的那个)描述了以某种方式储存在真空中的能量。在一个有宇宙学项存在的宇宙中,在任意地点、任意时间的每立方米的空间中都包含一定数量的能量,这些能量独立于该宇宙包含的任何物质或是其他东西之外。换句话说,即便你以某种方式把所有的原子、光子以及其他所有东西从空间中移除,这个空间中仍然会包含以宇宙学项形式存在的能量。这种能量是空间本身的真空的性质。

在古斯最初提出的观点中,宇宙在大爆炸之后不久的一小段时间内有一个很大的宇宙学项,这一宇宙学项导致了宇宙像德西特描述的那样指数式膨胀。这部分的思考是相对简单的。事实证明,真正的难点还是在于弄清楚暴胀时期是如何结束的。古斯认为宇宙在暴胀时期的状态是不够稳定的,在一段时间之后,宇宙自发地转变到一个更加稳定的结构,巨大的宇宙学项消失了,暴胀也因此结束。但是这一观点本身存在很大问题:暴胀结束之后,宇宙中几乎什么东西都没有了。空间的急剧膨胀将物质和辐射的密度稀释到几乎为零,它们无法再次产生。虽然我们知道宇宙曾经是炽热而稠密的,但古斯的宇宙则是冰冷而空旷的。

　　不过，其他宇宙学家很快就提出了可以让宇宙充满物质和辐射的情况下停止暴胀的方法。包括安德烈·林德（Andrei Linde）、安迪·阿尔布雷希特（Andy Albrecht）以及保罗·斯坦哈特（Paul Steinhardt）在内的科学家都提出了让暴胀缓慢结束的方法，使之前储存在真空中的能量转变成大量高温粒子。这样，在暴胀时期接近尾声时，驱动了暴胀的能量又使宇宙升温。

　　暴胀理论有力地解释了我们的宇宙如何变得如此平直且均匀。但这是正确的解释吗？如果是，我们又是凭借什么确定的呢？

　　暴胀理论在被提出之后越来越受到宇宙学家的追捧。虽然敢百分之百肯定地说暴胀一定发生过的人只占少数，但是绝大多数人都认可这是迄今为止所有用于解决平直性问题和视界问题的假说中最完备的一个。首先，由暴胀推导出的很多预测都被证明是对的。尤其需要指出的是，大多数有关暴胀的理论都相当具体地预测了宇宙微波背景的温度变化图样，而这已经在过去25年左右的观测结果中得到了完美的证实。

　　具体来说，暴胀理论预测，在早期的宇宙中，普通物质、暗物质以及辐射的分布互相挂钩——也就是说，如果它们之中的某一个密度很高，那么另外两个密度也会很高。事实上，这正是宇宙学家观察到的情况。此外，暴胀理论预测原初密度分布应该会近似于（但不完全是）"标度不变"，也就是说，在某一特定区域内，无论你如何放大图像，密度分布图像都是不变的。从这个意义上说，暴胀理论预测下的宇宙应该类似于数学家所说的分形。宇宙学家使用所谓的原初量子涨落光谱指数来量化这一特性，大多数暴胀理论中该指数的预测值应该都是略小于1（1这个数值代表完全的标度不变性）。对宇宙微波背景的最新测量结果表明，这个量的实际值约为0.965——这与暴胀理论长期以来的预测完全符合。

　　但尽管有这些观测结果做支撑，一些宇宙学家也仍然不敢断言暴胀真的发生过。这些证据很有说服力，但并非铁证如山。哪怕真的有暴胀存在，我们对这一时期的细节仍然知之甚少。物理学家已经提出了很多模型，但是现在很难判断究竟这里面的哪一个（如果有的话）能够准确地描述暴胀时期。我们想要获取的关于这一时期的各种直接、详细的证据，早已被能量和时间深深掩埋。就像其他有关早期宇宙的问题一样，暴胀一直难以被完全证实，但也无法被彻底驳斥。

　　理论宇宙学家保罗·斯坦哈特是暴胀理论的创造者之一，同时也是这一理论最著名、最直言不讳的批评者之一。20世纪80年代初，斯坦哈特在完善第一个可信的暴胀理论的过程中发挥了重要作用，如果有一天暴胀理论被明确地证实了，那么他将成为诺贝尔奖的有力竞争者。但是，现在你恐怕不太可能从斯坦哈特的嘴里听到什么有关暴胀的好话。他的研究兴趣很广泛，比如他曾不远万里、克服各种艰难险阻去堪察加半岛搜寻准晶体。但只要从别的工作中抽身出来，他通常就会专注于思索有什么可以替代暴胀起到的作用，或是试图说服同事相信暴胀发生的可能性比他们想象的要小得多。斯坦哈特是暴胀理论支持者中的离经叛道者。

斯坦哈特与其合作者以多种形式提出了对暴胀理论的反对意见。首先，根据近期对宇宙微波背景的测量结果，他们认为能够与这些数据相符的暴胀理论在某些性质上的取值过于特殊，因而不可信。在他们看来，虽然暴胀从根本上解决了宇宙的平直性和均匀性不可能出现的问题，但是如果暴胀本身的性质取的就是那些或许同样不可能的数值，那就没有意义了。

然而在有关暴胀的问题上，什么是可能的、什么是不可能的往往都取决于主观感受。与当前数据最相符的暴胀模型是这样的：空间的快速膨胀是由一个演化得非常缓慢的量子场推动的——就像一个球从非常缓的坡上滚下，而不是从陡峭的悬崖上掉下来。这个缓坡的拓扑形状必须具备一些相当特殊的特征，其表面必须尤为宽广而平坦，这样才能产生像今天这样的宇宙。这有可能吗？很难说。一些著名的学者说有可能，但也有人说不可能。这可能在本质上就是一个很主观的问题。说实在的，无论如何，现在都还没到对暴胀下终审判决的时候。

如果宇宙从未经历过暴胀，那么我们就不得不提出疑问，它怎么能变得如此平直且如此均匀呢？如果有一天我们证明了暴胀确实不曾发生过，我们就要为这些令人困惑的问题寻找别的答案。如果不是暴胀，那又是什么让宇宙变成如此奇怪而特殊的模样呢？

时至今日，仍然没有出现得到宇宙学家广泛支持的、能替代暴胀的理论。对于绝大多数人来说，暴胀理论仍然是解释宇宙为何如此平直、如此均匀的最完备的假说，但这并不意味着我们就不用思考别的可能性了，例如斯坦哈特和他的一些支持者多年以来一直探索的一种可能性——宇宙的开端可能是一次反弹而不是暴胀。

为了理解我的意思，请想象一下这样的场景：在遥远的未来的某个时刻，宇宙的膨胀将逐渐放缓，直到停止，然后再反过来收缩。虽然没有任何迹象表明会发生这样的情况，我们对宇宙及其膨胀全过程的了解也不足以让我们得出这样的结论，但是我们不能完全排除这样的事件在某一天发生的可能性。宇宙一旦处于收缩状态，就会变得越来越热、越来越密，就像是

整个宇宙演化历史的倒放。最终，这种收缩的结果就是所谓的
"大挤压"。

宇宙经历一次大挤压之后到底会发生什么，这是一个悬而
未决的问题。从广义相对论方程的表面来看，这样的宇宙会坍
缩成一个空间和时间的奇点——就像大爆炸之前一样。但事实
上，在如此极端的条件之下，那些方程已经不再适用了。无论
思考的是大爆炸还是大挤压，我们所面对的温度和密度都比我
们在加速器或是其他环境中研究过的任何东西高出万亿倍。在
这么高的温度和密度之下，广义相对论方程完全有可能失效，
无法准确地描述自然现象。比如，牛顿引力理论在中子星或是
黑洞附近就会失效，而在这样的极端条件下，广义相对论的重
要性就会显现出来，不容忽视。也许在大爆炸或是大挤压这样
的环境下，会有另外一种理论（甚至有可能是我们从未想到
的理论）代替广义相对论。虽然很难知道这种理论会是什么样
的，但是不难想象，这一理论可以用于预测一种截然不同的宇
宙收缩阶段的结局。也许，大挤压的结局并不是时空奇点，而
是以某种方式再次倒转；它不会让宇宙走向终结，而是让一切
重新开始，看起来就像又发生了一次大爆炸。

如果一次"大反弹"能让宇宙在收缩和膨胀这两个状态之
间切换，那么就会有这样一种可能性：我们的宇宙可能没有开
端并且永远不会终结。宇宙的历史可能就是不断地重复膨胀、

收缩和反弹的过程。多年以来，科学家提出了许多这样的循环宇宙模型——甚至爱因斯坦本人也在20世纪二三十年代考虑过这种可能性。近期被提出的模型中有的会包含我们所知的三个维度之外的空间维度。在这些理论中，我们体验的所有物质形式都局限在所谓的膜内——一个三维的空间，它实际上是更大的多维空间的一个子集。这个世界在我们的眼中之所以是三维的，仅仅是因为电子、光子和其他已知的物质形式都只能在膜的限制范围内运动。然而，膜本身却可以穿过整个空间维度。在这样的情况下，当我们的膜与其他的膜发生碰撞时，就会发生我们眼中的大挤压和大爆炸。根据斯坦哈特及其合作者的说法，这些模型正确的可能性至少与那些暴胀范式下预测的模型相当。

不过，大多数现代宇宙学家到目前为止都还没有被这些循环模型打动。尽管可能会有那么一天，这样的理论能解释清楚宇宙为何如此均匀、平直，但是现有的模型还只是草稿，并不是完备的物理理论。它们留下了许多未解之谜，也遇到了大量理论上的问题。此外，这些模型根本无法解释我们所生活的这个宇宙的许多性质，比如我们观测到的宇宙微波背景具体的温度变化图样。也许总有一天这些问题都将得到解决，但是截至目前，循环宇宙论对我们所观察到的宇宙的解释力度仍然比不上暴胀理论。

就像科学史上大多数良性争论一样，这个问题的答案终将通过观察和测量而不是理论推导来得出。在接下来的10年里，对宇宙微波背景进行的更高精度的测量将会对许多已提出的暴胀假说进行验证，使我们能够缩小各种可能性的范围，并有可能得到对这一奇特而神秘的时期的真实描述。

在接下来的5到10年中，科学家将以前所未有的精度仔细地研究宇宙微波背景。除了更精确地测量原初量子涨落光谱指数之类的东西之外，这些观测还将以更大的灵敏度对暴胀可能会在背景辐射中留下的许多微妙特征进行测量。例如，涉及多个量子场的暴胀模型通常会预测有非高斯性特征存在。更令人兴奋的是B模偏振图样，这种图样被认为是在暴胀即将结束时由时空的涟漪产生的。

在大多数模型中，这些所谓的B模的大小与暴胀过程中存在的能量总量直接相关。因此，我们测量这些B模就基本上等同于测量暴胀时期真空的能量密度。就在几年前的2014年3月，使用BICEP2望远镜[①]的科学家宣布他们第一次探测到了与暴胀有关的B模，整个宇宙学界都为之激动不已。如果这一测量结果是准确的，那么它将表明暴胀过程中存在的能量密度大致相当于LHC所能研究的最大能量密度的1万亿倍——这真是

---

① Background Imaging of Cosmic Extragalactic Polarization，宇宙泛星系偏振背景成像，是一系列专注于测量宇宙微波背景辐射偏振的实验。——译者注

高得惊人。然而，仅仅几个月之后，这些科学家就清楚地认识到，BICEP2接收到的信号并非来自宇宙微波背景，而是来自普通的星系尘埃。宇宙微波背景的B模偏振会向我们揭示许多有关暴胀本质的东西，然而我们至今仍未观测到过B模。

随着暴胀将宇宙撕裂开来，空间和时间的结构中开始形成涟漪，也就是引力波。宇宙学家在宇宙微波背景中仔细搜寻的B模，正是由引力波的涟漪创造出来的。但这些波除了会对辐射背景产生微妙影响之外，它们本身也应该会从早期宇宙的环境中幸存下来。正如大爆炸的热量创造了充满整个宇宙的宇宙微波背景，暴胀时代也有可能创造了至今仍在整个时空中荡漾的引力波背景。宇宙微波背景能让我们了解大爆炸后38万年的宇宙，而这个引力波背景却携带着更加古老的信息。如果我们能够测量这些时空的涟漪，那么它们将会让我们得以一瞥大爆炸后不到万亿分之一秒的宇宙是什么模样。

我们都很熟悉那些与水或声音相关的各种各样的波。在某些方面，引力波与这些常见的波非常相似，但在其他方面，它们又天差地别。水和声波通过扭曲水、空气或是其他介质传播，而引力波则是扭曲了空间本身的几何结构。引力波在空间的弯曲中传播并发生周期性变化。

在爱因斯坦之前，没有人会想象宇宙中存在引力波这种东西。在牛顿力学体系中，引力的效应被认为是瞬间跨越空间的，并且不会留下任何像波这样的东西。但是爱因斯坦理论中的引力却迥然不同。根据相对论，任何物体的运动速度都不能超过光速，包括引力本身。广义相对论方程的解可以描述引力产生的效应如何在空间中运动，其中的一些解就描述了在振荡的时空中传播的波。这些引力波以光速传播，它们在空间中穿行时会暂时改变空间的几何结构，致使空间随着时间来回膨胀和收缩。

制造引力波并非难事，几乎所有的物体被加速时都会产生引力波。地球在围绕太阳运行的过程中，就会向周围的空间释放出稳定的涟漪。但是这些引力波极其微弱，没有任何可信的实验可以探测得到。为了探测到引力波，物理学家和天文学家不得不依靠更为极端的事件——中子星和黑洞的合并。

纵观整个人类历史，在大部分时间里，天文学的研究都仅限于人们用肉眼进行的观察。自伽利略之后，天文学家一直使用望远镜来观察较暗、较远的天体，但即便是这样的观察，也长期局限于恰好处于人类肉眼可见的狭窄波长范围内的光。到了20世纪中期，天文学家开始采用新技术来探测许多其他种类的光。这些新型的望远镜不仅能探测可见光，还能探测紫外线、红外线、X射线、伽马射线、无线电波和微波。甚至有时候现代天文学的观察对象不仅局限于光。例如1987年，天文学家在一个相对较近的超新星爆炸中探测到了中微子。现在，有数百名科学家以中微子天文学家自居。

引力波天文学发端于2015年9月14日，在这一天，由一个大型科学家团队运作的LIGO（激光干涉引力波天文台）首次探测到了引力波。这些特殊的引力波是由两个巨大的黑洞（其质量分别是太阳的29倍和36倍）在13亿年前相互碰撞并合并时产生的。在之前的数十亿年间，这两个黑洞不断地往空间中释放引力波，这使得它们逐渐失去能量，并且彼此之间靠得越来越近。随着它们围绕对方运行的轨道越来越小，它们旋转的速度也越来越快，并且以引力波的形式释放出更多的能量。最后，这两个黑洞以接近光速的一半的速度互相盘旋并相撞，最终合并成为一个更大的黑洞。LIGO探测到的正是这对黑洞合并前最后一刻释放出的引力波的闪光。

"闪光"这样的词可能会让你误解，认为这些引力波强烈地扭曲了它们穿行而过的空间，或是它们很容易被探测到。这可是大错特错了。当引力波经过太阳系时，它只是极轻微地拉伸了空间，但LIGO天文台对这种变化极为敏感。它的仪器能够探测到4千米的长度上10^{-19}米（大约是质子直径的千分之一）的微小变化。

在未来的几年到几十年里，我们预计LIGO能够探测到数十个甚至数百个由黑洞或中子星合并产生的引力波。截至我完成本章内容的写作时，LIGO已经报告了11次这样的事件，其中有10次黑洞的合并及1次中子星的合并。当你读到这本书时，这个清单很有可能已经变得更长了，这是一个进展飞速的研究领域。可以说，引力波天文学是当今科学界最热门的话题之一。

LIGO的表现实在是令人惊叹，它已经彻底迷住了全世界的科学家和科学爱好者。但是它无法告诉我们太多有关暴胀的事情。如果我们想要探测到在宇宙最早期形成的引力波背景，那就需要着手准备一个更加雄心勃勃的实验项目——在太空中研究引力波的天文台。

LIGO被设计用于探测在空间中以每秒50到2 000次的频率振荡的引力波，但是暴胀产生的引力波的频率比这要低得多，这使得我们无法在地球上探测到它们。所幸，名为LISA（Laser Interferometer Space Antenna，激光干涉空间天线）的引力波探测器的建设计划正在有条不紊地进行着，它由3个围绕太阳运行的航天器组成，形成一个队形。LIGO的长度为4千米，而LISA的组件将在太空中延伸数百万千米。LISA预计将于21世纪30年代发射升空，届时它将以极高的灵敏度测量一系列LIGO无法探测到的现象，其中包括来自超大质量黑洞（其质量相当于太阳的数百万倍甚至数十亿倍）的引力波。LISA预计还能探测到数万次黑洞、中子星以及白矮星的合并。同样重要的是，我们还希望LISA能够探测到早期宇宙遗留下来的引力波背景。这不仅包括暴胀过程中产生的引力波，还包括那些可能在大爆炸后一瞬间内发生的相变或其他剧烈的事件产生的引力波。有了LISA，我们就能以一种前所未有的方式对宇宙的早期历史一探究竟。老实说，我不太知道我们能了解到些什么，但是有了这双引力的眼睛，我们就能够穿过重重迷雾，仔细地探查在层层迷雾遮蔽之下模糊不清的宇宙初生时期。科学史上的事实一再表明，当你用新的眼光看待事物时，很有可能会有一些新的发现——也许会是一些你根本不曾预料，甚至想都没想过的东西。

尽管大爆炸理论如最初设想的那样取得了相当大的成功，但是它无法解释宇宙为何如此平直，也无法解释宇宙为何如此均匀。为了解决这些问题，现代宇宙学家重新回顾了德西特求得的爱因斯坦方程的解，并依此提出，在宇宙诞生后的一瞬间存在一个奇特的时期，空间在这一时期发生了爆炸式的膨胀。尽管宇宙的暴胀时期可能确实很奇特，但它似乎并不是完全独一无二的。在过去的20年里，一系列详尽的观测结果表明，现在宇宙的膨胀似乎正在逐渐加速。换句话说，在过去的数十亿年中，宇宙一直处在过渡到新的宇宙暴胀时期的过程中，不过这次倒是比之前那次要温和得多。

　　要使宇宙加速膨胀，整个宇宙空间的真空中必须包含少量密度（大约相当于每立方米只有几个质子）的能量。这种所谓暗能量的密度非常小，甚至我们都无法探测到它对地球乃至整个太阳系的作用。但是如果平摊到更大的空间中，我们就会发现，暗能量其实在整个宇宙中处于主导地位——大约占总能量的69%，剩下的部分由暗物质（26%）和原子（5%）以及极少量的中微子和光组成。但事实上，我们并不了解暗能量到底是什么，所以我们也无法了解为什么宇宙膨胀正在加速。

　　迄今为止最精确的观测结果表明，暗能量的性质与爱因斯坦的宇宙学项非常相似——其密度在时空中保持一致。尤其是在宇宙膨胀时，暗能量的密度至少在我们能够测量的范围之内保持不变。也就是说，暗能量似乎没有被空间的膨胀所稀释。宇宙学家有时会使用所谓的暗能量状态方程来量化这种性质。一个完全均匀且不会被稀释的宇宙学项所对应的值为-1，而我们从最新的测量结果中得到的暗能量状态方程的真值与这个值的误差大约在5%左右。在我写作本章的同时，有传言说一个名为"暗能量巡天"（Dark Energy Survey）的科学家团队即将公布一个更精确的结果，该团队长期以来一直在对遥远的超新星、星系和星系团进行一系列系统性观测。截至目前，这些观测以及其他观测的结果都表明，暗能量是均匀的，且不会被稀释，就像爱因斯坦的宇宙学项一样。

我们现在身处的这个加速膨胀的时期和宇宙暴胀时期在某些方面有着共同的特征，但是在许多关键方面也有所不同。首先，在我们的估算中，暴胀时期的真空能量密度大约比现在暗能量的密度要高出足足100个数量级，这能够解释为什么当今时代的宇宙如此平静，而暴胀却极其剧烈。暴胀能在一瞬间将所有的粒子全部拆散开来，在极短的时间内彻底地改变整个宇宙，但是现在，我们只能通过观测超远距离的天体才能发现，空间的膨胀在暗能量的驱使下逐渐加速。

其次，虽然暴胀已经结束，但是宇宙中根本没有迹象表明暗能量会消失。如果这样的趋势无止境地持续下去，那么随着物质和辐射的密度被空间的膨胀逐渐稀释，暗能量的地位会变得日益显著。如此看来，似乎在遥远的未来，宇宙中的物质和辐射会越来越稀少，只有暗能量会大量存在。随着宇宙继续演化，它将会越来越接近于德西特在近一个世纪前提出的那个宇宙——没有任何物质存在，宇宙学项完全主宰整个宇宙。

在堆积如山的证据面前，几乎没有宇宙学家怀疑暗能量的存在。然而，对科学家来说，要解释或理解这一发现仍然是巨大的难题。几乎没有人料想到宇宙真空中会包含这么多能量，并且对于暗能量的存在意味着什么，科学家们目前也没能达成共识。不过，有人提出了一种观点，可以用来解释为什么暗能量会以我们观测到的数量存在于宇宙中。这个观点在宇宙学家中引发了很大的争议，它不仅涉及有关暗能量和暴胀的问题，还涉及多个宇宙的存在。这一观点的支持者认为，宇宙之所以会成为今天这副模样，有可能是因为生命本身。

无限世界最美

我常常会想，我们就像是自鸣得意地在池塘中游动的鲤鱼。我们的一生就在自己的池塘中度过，以为我们的宇宙只包含那些看得见摸得着的食物。我们自以为是地拒绝承认别的平行宇宙或多维空间就在我们的附近存在着，而这些都超出了我们的理解能力。

——加来道雄

从 1609 年开始，帕多瓦大学的一位意大利数学家在许多个晴朗的夜晚中目睹了许多从未有人见识过的东西。尽管观测所使用的设备并不是他自己发明的（第一台望远镜在一年前诞生于荷兰），但这位数学家仅凭他听到的有关这种设备的描述就制造了一台属于自己的望远镜。在他之前，望远镜还只是一种专门用于在地面上观察远方的船只或军队的工具，然而在 1609 年的秋天，伽利略决定将这种工具投入别的用途，这也是他第一次尝试天文学研究。

伽利略把第一个天文学观测目标定为夜空中最明亮的天体——月球。伽利略夜复一夜地观察并研究这个天体的表面，他借助望远镜的威力看到了当时几乎没人能料想到的东西。他发现，月球的表面布满了深谷、高山和平坦的平原。伽利略看到的月球"崎岖不平，和地球表面相差无几"[①]，这让他十分惊讶，这和所有传统的观点完全相悖。

除了月球的地形之外，伽利略还用望远镜看到了许多之前看不见的恒星，并发现了围绕木星运行的 4 个卫星。其中，后一个发现尤其重要，因为它第一次清楚地表明，并非所有天体都绕地球运行。正是这一点，再加上他在 1610 年年末观测金星的相得出的结果，使他确信以地球为中心的宇宙模型一定是错误的。伽利略借助望远镜亲眼看到木星的卫星绕着木星转，而金星绕着太阳转。尽管长期以来人们一直相信地球就是宇宙的

---

① 尽管人们常常会把首次用望远镜观测月球的创举归功于伽利略，但其实英国天文学家、数学家托马斯·哈里奥特（Thomas Harriot）在伽利略之前几个月就进行了类似的观测。然而，哈里奥特从未发表过自己绘制的月球表面地图。他还有其他比这更加出名的成就，比如将马铃薯引入大不列颠和爱尔兰。

中心，但这是错误的。

伽利略的观测进一步揭示了一些有关行星和卫星的事实，这些事实让他感到惊奇，也意义深远。他了解到，这些天体在某些方面与我们所熟悉的世界非常相似。就像地球一样，月球上也有层峦叠嶂和空山幽谷，木星也有属于自己的卫星，金星也会绕着太阳运行——所有的这些都与当时公认的教义不符。在基督教的神学和亚里士多德的哲学的强烈影响下，所有人都认为日月星辰都围绕地球转，将其奉为不容置疑的真理，但真实情况与此完全不同。欧洲中世纪时期最伟大的思想家们已经达成共识：天体与我们这个混乱无序的原始物质世界中的任何东西都不一样，而是纯粹不变、几何统一的完美世界。月球和行星的表面被认为应该像是一个没有任何突起或划痕的完美球体，几乎不会存在山脉或是其他类似的缺陷。

从现在的眼光来看，我们很难相信这种观点居然在中世纪的欧洲普遍存在。毕竟，即便是用肉眼也能发现月球表面明显有明暗相间的部分——否则也不会有"月亮上的人"[①]这个说法。但是伽利略时代的哲学家和神学家完全信奉亚里士多德的宇宙观，并且不遗余力地为其辩解。他们提出了各种解释，比如月球表面不同部分吸收和反射太阳光的能力不同，因此会让

---

① 西方人将月亮上的阴影形状想象成人脸，而月亮又是一个远离人世的地方，因此 man in the moon（月亮上的人）又指远离尘世的人。——译者注

我们误以为月球上有不同的地形。他们完全无法接受月球不是一个完美球体的可能性，但伽利略用望远镜捕捉到了来自月球表面的光，了解到了截然不同的事实。亚里士多德理想主义的宇宙观经不起望远镜的仔细观察。

我经常会想，当伽利略做出这些不可思议的发现时，他在想些什么。有些人可能认为有关月球表面地形的新发现只是新奇的琐碎小事，不过我觉得，伽利略应该认识到了他所看到的东西具有重大意义。毕竟，他刚刚意识到，地球并不是独一无二的，这是我们人类第一次认识到还存在着别的世界。

今天，我们理所当然地认为地球并不是宇宙中唯一的行星。光是我们自己的太阳系中就有8颗行星，而在过去的20年里，天文学家已经在太阳系之外发现了数千颗围绕其他恒星运行的行星。随着研究的逐渐深入，我们发现的系外行星也越来越多。现在看来，行星的存在是普遍现象，而不是一种例外——事实上大多数恒星都有自己的行星。我们的银河系中大约有1 000亿颗恒星，而围绕着这些恒星的行星或许有数千亿颗，甚至上万亿颗。我们可以任由想象力自由驰骋，思考在这些几乎数不清的世界中可能会发生什么样的事情。

不过本章的重点并不是介绍这些行星上的世界。宇宙学的发展为我们提供了越来越有说服力的理由，使我们能够相信其他宇宙的存在。这些宇宙中可能有许多都与我们的宇宙截然不同，但可能也有一些与我们的宇宙相似。无论如何，这些世界都与我们自己生活的这个世界完全没有任何关联——即便是性能最强大的望远镜也无法看到它们。

每次当我提出，在我们所知道的、生活于其中的这个宇宙之外很可能还存在其他宇宙的时候，我常常会遭受不少质疑，甚至是彻底的反对。但我们知道，至少从某些角度来看，其他的宇宙必然存在。宇宙正在膨胀是公认的事实。由于这种膨胀，空间中的每一点都被宇宙视界所包围，而这个视界在理论上是绝对无法跨越的。在视界之外的事物，我们永远都看不见也摸不着，反过来看，我们对视界之外的世界来说也是如此。在我看来，一个绝对无法观察、互动或是到达的地方就是另一个宇宙。虽然"宇宙"这个词可能会有很多不同的定义，但我认为宇宙指的就是一片空间区域，在这片区域内的所有物体理论上都能相互作用。从这个意义上来说，不断膨胀的空间是由无数个互不相连的世界组成的，而我们的宇宙只是这个更广阔的空间中的一小部分。

长期以来，宇宙学家一直都想知道我们视野之外的空间到底有多大，在这个更大的空间中可能会存在多少不同的互不相连的区域。事实上，我们对此一无所知。所有的迹象都表明，空间无边无际，其中包含着大量这样的区域——其中的绝大多数都在我们的宇宙视界之外。但我们知道的也就仅限于此了。就爱因斯坦的方程来说，有可能空间会朝各个方向无限向外延伸。然而，这个空间最终也有可能闭合起来。在具有这种几何结构的空间中，沿着一个方向走出足够远的距离，最终一定会回到起点——就像在地球表面一样，或是在经典电子游戏《爆破彗星》（Asteroids）中从屏幕边缘离开之后又会从屏幕的另一边出现。但是我们视野之外的空间究竟是会一直延伸下去，还是最终闭合起来，或是以其他方式呈现，目前还没有谁能对这个问题下一个定论。

如果空间真的是无限的，那对我们来说可以称得上意义重大。在这样无限广阔的空间里，一定会存在着无穷无尽的星系、恒星和行星，甚至还会有无穷无尽的智慧生命散落在这无限的空间中。这就是无穷大带来的结果：它会把本来只是小概率发生的事件都变成必然。连续掷100万次骰子得到的结果都是6的概率非常小——大约是 $1/10^{788\ 151}$。如果你把整天的时间都用来掷骰子，可能哪怕过很多辈子都看不到概率这么小的事件发生。但如果你有无限次的生命，那么只要一个事件的概率不是0，你就总有一天会看到它发生——无论是多么小的数字，只要乘以无穷大，都会变成无穷大。同样地，如果在无限的空间中，存在着无穷多个宇宙，那么无论是可能性多小的事件，在这些宇宙中都会发生。

　　我们所知道的宇宙可以被看作在特定的时间和地点出现的原子和其他粒子的集合。对于另外一个遥远的宇宙来说，存在着一种非常非常小但不完全为0的可能性——它的所有原子及其他粒子都与我们这个世界中的完全相同。换句话说，在无限的空间里，一定会存在着无穷多个与我们这个宇宙完全相同的宇宙。这些宇宙中会存在一颗和太阳几乎一模一样的恒星，它的周围有一颗与地球一模一样的行星围绕着它运行，而这个行星上则存在着和你我一模一样的人。如果空间真的是无限延伸的，那就一定可以得出这样的结论。无论一个物体存在或是一个事件发生的可能性有多低，只要概率不为0，那么在这个无限广阔的空间中都会存在或发生。这就是无限的本质。

　　空间被膨胀分割成许多互不相连的区域。总而言之，这些区域并不是单个宇宙的不同部分，它们各自都是一个不同的宇宙。空间中的每一点都被不可跨越的宇宙视界所包围，宇宙视界的大小取决于空间膨胀的速度。空间膨胀得越快，宇宙视界就越小。在加速膨胀的时期（比如现在），空间被不断分割成更多互不相连的宇宙。虽然这一过程在今天仍在发生，但是在宇宙历史上曾经有一个时期，空间的加速膨胀比现在要猛烈得多。暴胀是创造多元宇宙最快的时期。

　　在暴胀时期，空间的膨胀速率极快，使得空间以及空间中的一切都被彻底撕开。没有任何两个物体（哪怕是基本粒子）之间能保持足以发生相互作用的距离。两个在暴胀开始时相隔的距离仅仅相当于一个原子宽度的物体，在暴胀结束之后将会相隔数万亿英里——这只是短短的一瞬间发生的事。暴胀将曾经相邻的空间区域彻底分开，这些被分开的区域之间的距离已经不能用远来形容了，暴胀将它们分割成了无数个完全不同的宇宙。

从暴胀中产生的一小块空间继续演化，形成了我们的宇宙。我们有充分的理由认为，我们在天空中看到的一切只是整个空间的冰山一角。在暴胀的过程中，无数的空间区域被拉伸成为新的宇宙，形成了更大规模的由无数个互不相连的世界组成的多元宇宙。尽管我们无法观测到这些宇宙，但是我们有充分的理由假设它们确实存在。

在部分宇宙中，物质和能量可能会表现为与我们这个宇宙中的物质和能量相同，或至少是相似的形式——比如原子和光。如果一个宇宙中包含与我们宇宙中相同的物质基本组成部分，并且遵循相同的物理规律，那么这个宇宙就很有可能与我们的世界非常相像。但这并不意味着在这些宇宙中黑斯廷斯战役①

---

① 黑斯廷斯战役是 1066 年 10 月 14 日，诺曼底公爵威廉一世为争夺英格兰王位，率军入侵英格兰，在今英国港口城市黑斯廷斯与英格兰国王的军队进行的一场战役，以威廉获胜而告终。这场战役被认为是英国历史的转折点。——译者注

同样会在1066年打响，也不意味着理查德·尼克松同样会当选美国总统。在这个宇宙中，各个国家历史上的具体情况都会略有不同。但只要物质组分和物理规律相同，恒星、行星和星系也都会在这样的宇宙中形成，这些恒星就会进行核聚变，从而产生我们在太阳系中发现的那些化学物质。一旦特定的化学反应在恰当的环境下发生，那么更加复杂的事物（比如战争和总统）就有可能随之出现了。

然而，在更大范围的多元宇宙中，并非所有的宇宙都会和我们的宇宙如此相似。在某些宇宙中，自然规律可能与我们这个世界中的规律有些许不同，甚至截然不同。被暴胀分割开的空间可能演化出不同种类的物质和力。就像地球上的动植物因地而异一样，多元宇宙的不同区域也有可能各自遵循着不同的物理规律。

哪怕是在物理规律上做一丁点儿微小的调整，我们这个世界的特性都会发生翻天覆地的变化。举个例子，如果电磁力的强度比现在弱4%（或者每个质子和电子携带的电荷都稍微少一点点），那么恒星中的质子就能够结合在一起，释放出巨大的能量，而这会导致太阳瞬间爆炸。反之，如果电磁力比现在更强，那么碳原子就会变得不稳定，我们所知道的生命也就不可能存在了。如果质子比现在重0.2%，或者中子比现在轻0.2%，它们就不会是像现在这样中子衰变为质子，而是自由质子衰变为中子，这样一来，世界上就不会存在稳定的原子了。综合各方面条件来看，我们这个宇宙的特性似乎非常适合孕育生命。

多元宇宙中的某些区域可能与我们所认知的世界截然不同，其中可能存在着许多新的力和物质形式。有些空间的维度可能比三维更多，还有一些可能比三维更少。许多世界可能完全超出了我们的想象。目前，我们对这个课题还几乎没有任何了解。物理学家直到最近才开始严肃地思考这些问题：支配着我们这个宇宙的物理规律是如何发展成今天这个样子的？其他宇宙中的物理规律会有什么不同？

纵观整个科学史，物理学家一直致力于提高我们对这个世界及其运作方式的理解。然而，我们逐渐开始在更大的背景下进行思考。我们不再只研究和描述我们观察到的现象，而是开始问"为什么"。以前的物理学家常常会问出这样的问题："电子的相互作用是怎样的？"或是"质子是由什么构成的？"，现在他们则开始越来越多地思考这些事情背后的原因，不再只关注世界是怎样的，还会关注世界为什么是这样的。现在又加上一条：在其他地方，情况会有所不同吗？

我在上一章结尾处提到，暗能量的谜题可以通过引入大量其他宇宙的存在加以解释，并且这一谜题可能也和宇宙暴胀事件有关。但是这些看起来迥然相异的事件之间会有什么关系呢？存在于我们的宇宙视界之外的宇宙的数量怎么可能会影响到存在于我们这个世界中的暗能量的数量呢？

　　暗能量是存在于真空中的能量。物理学家认为他们理论上应该能计算出这种能量的密度。根据我们这个世界的量子性质，粒子有可能会自发地产生，然后在片刻之后消失。这一过程在整个空间中不断地发生。就在此时此刻，成对的电子和正电子这样的粒子就在你的周围不断地出现又消失，它们都是由真空本身创造和消灭的。这些粒子可能寿命极短，但它们共同构成了所谓的真空能量密度。问题是，当我们对真空能量密度进行计算时，我们得到的估算值大约是暗能量密度测量结果的 10^{120} 倍。看来，这种过程产生的暗能量并没有数学计算中的期望值那么高。

　　让我们就停下来仔细想一想，这个计算到底错在哪儿。我这一生也算是解了不少物理题了，但我从来没有得出过与正确答案相差这么多的答案。我并不是在夸耀自己——其实我无论是在学生生涯还是在职业生涯中，都得出过很多错误的答案。但是要得出错成这样的答案，确实难度极高。比方说，如果在计算质子质量过程中犯了程度相当的错误的话，那么我们得到的质子质量结果将会是 10^{93} 千克左右——大约是太阳质量的 10^{63} 倍。哪怕是一个成绩垫底的学生算出的结果也不会错得那么离谱。

　　首先要搞清楚一点，这个计算的问题并不在于有谁犯了一个类似于忘了进位这样简单的错误，而是现代物理学家思考这一计算的方式可能存在一些概念性的问题。然而，谁也说不准这些问题出在哪儿，数十年来的严格验算并没有带来多大进展，也没有让形势更加明朗。如果确实是我们的计算方式出了问题，那我们还没有找到问题在哪儿。

　　1987年，也就是暗能量被发现前几年，物理学家史蒂文·温伯格提出了一种截然不同的方法来解决这一问题。温伯格是当今世上地位最崇高的物理学家之一，也是粒子物理学家的所谓标准模型的创立者之一。他从来不会提出激进或是鲁莽的想法，也不是一个煽动者。他被同行看作是一位非常严肃的思想家以及一流的科学家。然而，温伯格在1987年提出的观点却让他的很多同事都感到不太舒服，甚至其中还有一些人对此感到愤怒。他在一篇论文中提出，如果将我们生活在这个宇宙中这一事实纳入考虑，那么我们就可以解释宇宙真空能量密度的问题。这样考虑的前提条件是，存在着数量极其惊人的宇宙。现代多元宇宙的概念就此诞生。

　　我们现在来看看温伯格这一观点背后的推理过程。至少从长远来看，在一个给定的宇宙中，暗能量的数量决定了宇宙膨胀和演化的方式。物质和辐射会被空间的膨胀所稀释，而暗能量的密度恒定不变。例如，在我们的宇宙中，暗能量从大爆炸后大约98亿年开始主导整个宇宙的能量密度，此时宇宙膨胀速率开始加快。可见，加速膨胀开始的时间取决于暗能量存在的数量。在一个暗能量数量更多的宇宙中，这种加速开始得更早，因此也会产生更加剧烈的影响。

比如，想象一下有一个宇宙最一开始的情况和我们的宇宙一模一样，但包含的暗能量是我们这个宇宙的100万倍。在这个宇宙中，膨胀速率从大爆炸后大约2 000万年就开始加快了。在此之前，这个宇宙看起来和我们的宇宙非常相似——轻核元素已经形成，暗物质、氢和氦的混合物充满了整个空间。可是一旦空间开始加速膨胀，这个宇宙的历史就会变得和我们的宇宙大不相同。在我们的宇宙中，暗物质在引力的驱使下聚集在一起形成晕，随后星系在暗物质晕中形成，最终又形成了恒星和行星。但在暗能量的数量高了100万倍的宇宙中，空间膨胀得太快，这些事情永远不可能发生。如果没有恒星，就不会有更重的元素产生。在一个没有恒星和行星（甚至连碳、氧、硅、铁都没有）的宇宙中，很难想象怎么会出现像生命这么复杂的东西。一个含有这么多暗能量的宇宙无法孕育生命。

如果我们假设现代物理学家计算真空能量密度的方法基本上是正确的，那么在更大范围的多元宇宙中的绝大多数宇宙都会包含巨量的暗能量——大约比我们在自己所身处的宇宙中所发现的高出10^{120}倍。但是这一计算的结果取决于输入参数的细节——比如粒子的种类和它们相互作用的强度。如果这些参数因宇宙而异，那么我们就可以预期会有一些宇宙包含的暗能量更多，也会有一些宇宙包含的暗能量更少。其中应该会有一些宇宙包含的暗能量与我们在我们自己的世界中所发现的一样少，只是这种宇宙极其罕见罢了。

我们发现自己竟然生活在出现的可能性如此之低的宇宙中，这似乎有些奇怪。但正如温伯格所指出的，我们必须谨慎思考，自己提出的问题本身是不是正确的。与其问在更大范围的多元宇宙中到底有多少个与我们生活于其中的这个宇宙相类似的宇宙，不如问一问，一个典型的生命可能会诞生在多元宇宙中的什么地方。

绝大多数宇宙中所包含的暗能量实在太高，完全不可能孕育生命——这种地方不可能存在活着的观察者。事实上，只要所包含的暗能量的数量比我们的宇宙高出10倍，这样的宇宙中就几乎不可能存在生命。在多元宇宙中，生命确实极为罕见——但是出现的概率并不是0。考虑到不同宇宙的分布，以及在给定的宇宙中形成诸如行星和恒星等物质的可能性，温伯格与其他研究者计算出了典型的观察者生活的宇宙中应当存在的暗能量的数量。有趣的是，他们发现最可能出现生命的地方，也正是多元宇宙的角落里，暗能量的数量和我们这个世界差不多的地方。从这个角度来说，多元宇宙的存在解决了长期存在的暗能量之谜。

温伯格的论证基于所谓的人择原理，老实说，这是一个在宇宙学家中颇具争议的观点。这个原理的核心是，任何观察者都必须存在于某个有可能存在观察者的地方。这听起来毫无争议，但是当人们在实践中试图应用人择原理时，往往会遇到各种各样的技术问题。

例如，在温伯格的计算中，他必须假设在不同宇宙中，暗能量密度也是不同的，而且其分布的峰值是一个极大的数值，只有一条小小的尾巴延伸到我们在自己的世界中观测到的数值。根据我们对于量子场论的了解，这些假设是完全合理的，甚至可以说是很有可能成立。但我们并不能确定这一点，也不知道要怎么才能确定。这就引出了另外一种在人择原理的应用中常常出现的反对意见：有些人甚至认为这根本不在科学的范畴内。

20世纪的哲学家卡尔·波普尔（Karl Popper）以在划界问题上的工作闻名，该问题的研究主题是如何区分科学和伪科学。大多数人认为他们可以一眼认出什么是科学，但是如果你对这个问题的思考不够透彻，你就很难想出一套能够把所有我们认为是科学的东西囊括进去，同时又把诸如占星术和登月阴谋论之类的东西排除在外的定义。对于这个问题，波普尔坚称只有一个理论提供可被证伪（至少理论上可被证伪）的预测，那么它才能被认为是科学的。一个无法证伪的理论不是科学理论。

多元宇宙和人择原理的批评者常常用波普尔提出的可证伪性来质疑它们。毕竟，我们无法通过任何观测来确凿地证明其他宇宙并不存在，这似乎是一个不可证伪的假设。然而，我认为波普尔所提出的鉴别标准过于简单化了，并且许多波普尔之后的哲学家也对他的可证伪性标准提出了批评，有些人甚至还提出了可用于区分科学和伪科学的其他方法。例如，有人认为（我也同意这一观点）如果要说一个理论具备科学性，真正重要的是在这一理论被提出之后得出的信息（如观察和测量结果）能让一个理性的人对它的正确性变得更加确信或是更加不确信。这与波普尔的可证伪性标准相似，但是限制更少，更加灵活。

那么根据这一标准，人择原理对于暗能量密度观测值的解释是科学的吗？在我看来显然是。毕竟，温伯格早在1987年就写下了有关这一问题的论文，而几年之后，我们就在观测中发现了暗能量。他在论文中预测，如果他那些看似可信的假设的确是对的，那么我们这个宇宙的真空能量密度就应该是这么个数值，而之后测量出来的数值确实与他预测的数值差不多。虽然这些后来的测量并没有证明多元宇宙的存在，但它们确实提高了多元宇宙存在的可信度。在我看来，就算我们无法确定多元宇宙是否真的存在，但是我们已经可以由此得知人择原理对于暗能量的解释确实是科学的。

如果我们的宇宙并不是孤立存在的，而是更大范围的多元宇宙中的一部分，那么又会涌现出一系列有趣的新问题。特别是，这种新的视角可能会改变我们对于世界起源的看法。在这本书中，我一直使用"大爆炸"这个词来指代138亿年前宇宙开始形成时的那个炽热而稠密的状态。包括很多科学家在内的许多人都认为大爆炸是宇宙的开端——或者至少是我们所知的这个宇宙的开端。但是如果考虑到宇宙暴胀存在的情况，从更全局的视角出发，大爆炸看起来就不太像是一次事件或是一个开端，而更像是一个持续的过程。从这个角度来看，我们所谓的宇宙起源可能就不是一个孤立的事件，而是一个持续进行的机制。

在宇宙学家提出暴胀理论之前，我们有充足的理由认定大爆炸是单一的事件，空间和时间本身都形成于这一事件。20世纪60年代末，史蒂芬·霍金和罗杰·彭罗斯推导出了如今被称为奇点定理的数学证明，为这种观点提供了相当大的支持。同时，这些证明还使用广义相对论的性质论证了任何充满了物质和辐射（或是类似的东西）的宇宙在空间和时间上都是有限的。换句话说，引力本身的性质似乎确保了时间一定有一个开端。根据这些推论可知，我们的宇宙始于一个奇点，而在此之前不仅没有物质、能量和空间，也不存在什么时间。从这个角度来看，根本不存在"大爆炸之前"这样的概念。

然而，暴胀理论从根本上改变了我们对世界起源的看法。霍金和彭罗斯推导出的奇点定理依赖于特定的假设，即所谓的能量条件，而暴胀显然打破了这些假设。如果我们宇宙的演化只是由物质和辐射驱动的，那么这些定理的结论就适用。但是在暴胀时期由真空能量主导的宇宙中，没有什么能确保空间和时间是从奇点开始的——甚至有可能根本就没有开端。

从暴胀理论的角度来看，我们这个世界的起源不太像是空间和时间的自发产生，反而更像是一个大家族中新生命的诞生。想象一下暴胀时期空间中的一片区域，它正以极高的速率持续地指数式膨胀。驱动了暴胀的暴胀场会在整个空间中不断演化，其特征也会随之发生变化，直至暴胀结束。但是，空间和时间的量子性质确保了这种变化不会同时在所有地方发生，应当是一块区域最先停止暴胀，而其他区域此时仍处于快速膨胀中。当某一区域的暴胀结束时，该空间内就会充满炽热而稠密的高能粒子等离子体，接下来随着空间逐渐膨胀，等离子体也逐渐冷却。换句话说，每一块这样的空间都各自变成了一个宇宙，而它们可能与我们的宇宙并没有太大的不同。

但是那些没有停止暴胀的区域会发生什么呢？可能会有人猜测暴胀最终会彻底结束，产生大量但是数量有限的宇宙，但是如果这么想的话，恐怕就低估了最有可能出现的结果。在大多数可行的暴胀理论中，暴胀的空间总量只会随着事件的推移而增加。尽管一些区域的暴胀停止了，但是同时有更多其他的区域暴胀。这意味着，随着暴胀继续进行，会有无穷无尽的新宇宙不断诞生，而暴胀永远不会结束。当空间呈指数式膨胀时，暴胀会不断地在多元宇宙中产生新的区域，不会停止，也没有尽头。从这个角度可以说，暴胀似乎是永恒的。

如果暴胀没有尽头，那它可能也没有开端。它可能会永远持续下去，在过去和未来两个方向上都不断延伸。但在这种情况下，时间本身就成了一种难以捉摸、违背直觉的概念。根据爱因斯坦的狭义相对论，对于两个不同的事件，其发生的顺序取决于观察者的参照系。在一个人的眼中，事件A先于事件B发生，但另一个在空间中以接近光速的速度移动的人可能看到的顺序会是相反的，即事件B先于事件A发生。在暴胀的情况下，我们面对的是大量（甚至有可能是无限个）互相之间没有因果关系的空间。任意两个处于互不相连的两个区域中的观察者无法互相检验到底是哪一个区域先存在。可以说，在多重宇宙中，事件发生的顺序并不总是有明确的定义。

此外，如果暴胀真的会永远持续下去，那么它将会在空间中继续创造具有无限可能性的区域。这意味着，如果有一片区域产生了暴胀（也就是空间中的第一片区域），那么暴胀终将产生一个和它一模一样——或者至少非常相似的区域。这样一来，暴胀又会从这片新产生的区域中再次开始。有可能空间中的第一片区域就是这么形成的？这就好像是一个人的曾曾曾曾曾孙同时也是他的父亲。当你无法判断事件发生的顺序时，时间展开的顺序就不一定是线性的——当然也不一定与我们的直观相符。

在本章中，我们对各种推测以及在科学上有争议的观点进行了比其他几个章节都更加深入的探讨。不过，随着暴胀的证据越来越具有说服力，越来越多的科学家也愿意开始思考和探索这种可能性——我们的世界是永恒暴胀产生的多元宇宙的一部分。但这还不是现在的宇宙学家想象力的极限。像弦论这种冲劲十足且前景远大的理论框架表明，时空真空可能采取的构型的数量极为惊人。每一种真空态不仅对应着不同密度的暗能量，也对应着不同的物理规律，还对应着空间中不同种类的物质和能量形式。

既然已经走出这么远了，我们也没什么理由就此止步。暴胀可能为我们提供了一种产生多元宇宙的机制，但是其他的宇宙可能和我们的宇宙之间没有任何空间和时间上的联系。我们可以继续思考为什么某种宇宙会存在，或是它为什么不存在。或许一个世界在逻辑上的可能性能够确保其自身的存在？或许还有一些其他的宇宙法则决定了什么样的世界能够或是不能存在于多元宇宙中。今天，我们对于这些问题还无法给出可信的答案，但也许明天就有了呢？

触碰时间的边缘

> 人类的潜力不会有边界。
>
> **——史蒂芬·霍金**

从宇宙学诞生到现在，也才过了一个多世纪。现代宇宙学研究范式起源于阿尔伯特·爱因斯坦激进的观点以及空间膨胀的观测证据。大爆炸理论一度成为科学理论中的弃儿，但是在1964年宇宙微波背景被发现之后就几乎没有人再怀疑这一理论了，科学界一致认定我们的宇宙确实诞生于一个炽热而稠密的状态之中，而后又经历了一百多亿年的演化。这是人类有史以来第一次开始了解自己生活的这个宇宙的起源。

在过去的50年中，一群天文学家和物理学家一直在积极地研究我们的宇宙，并且对它遥远的过去有了更深的了解。现在，我们已经对宇宙在大部分历史时段的膨胀和演化有了相当详细的了解。大量的观测更是纷纷证实了大爆炸理论的预测，其程度简直出乎意料。我们的宇宙在过去138亿年中的膨胀速率符合亚历山大·弗里德曼在大约100年前写下的方程，我们对于星系和星系团的大尺度分布的测量结果也和理论预测的结果没有什么区别。最引人注目的是，观察到的宇宙微波背景的高精度温度变化图样对宇宙学家来说是一座宝库，它向我们揭示了宇宙中存在的原子、暗物质和中微子的数量，以及空间本身的大尺度几何结构。

然而，尽管现代宇宙学取得了这么多成就，但不可否认的是，许多关键的谜团仍未解开，我们对宇宙的初生时刻还是一知半解。事实上，我们最近的一些发现能回答的问题还没有它们带来的新问题多。经过数十年的努力，我们仍未揭开暗物质的本质，并且暗能量相关的问题看起来根本无从下手——除非我们信奉伴随多元宇宙的存在而出现的人择原理。虽然已经有了一些合理的猜测，但我们目前还不清楚宇宙中组成原子的粒子是如何从大爆炸后最初的那段时期中幸存下来的。也许最让人捉摸不透的就是，我们对宇宙暴胀仍然知之甚少。假设暴胀这样的事件真的发生过，那我们对它的开端、过程和结束基本上一无所知。

科学史上曾经出现过许多同样令人费解的谜团，但它们最终都被解决了——解决问题并不是偶然现象，而是常态。从这个角度来说，我们不必感到慌张，因为时间和毅力终将为宇宙学中所有悬而未决的问题找到答案。与科学的进步作对的人往往最终都会发现自己是错的，至少从长远来看是这样。

但是就我们的宇宙及其起源而言，我们确实得问一问自己究竟能取得多大的进步，以及我们能从中了解到多少信息。宇宙视界限制了我们可以观察和研究的东西，因此理论上也限制了能够被我们获取到的信息的数量。从这个角度来看，可想而知，有一些关于大爆炸以及大爆炸之后一段时间的问题，是我们根本无法用实证研究去解决的。因此，人类探索出来的这条伟大路线（也就是被我们称为宇宙学的科学）也许终有一天会走向末路。

在未来的岁月中，宇宙学将会沿着多条路径继续发展。天文学家直到最近才首次观测到引力波，这种观察宇宙的新方法必定会给这一领域带来重大突破。将来，我们还会对宇宙的大尺度结构及其膨胀速率的演变进行更精确的测量，进而揭示更多有关暗能量本质的信息。LHC等粒子加速器以及它们的继任者将会让粒子以更高的能量对撞，让我们得以研究大爆炸后一瞬间的物理规律。至于那些寻找暗物质粒子的实验，其灵敏度还会继续保持指数式增长。虽然还不敢说一定能有什么发现，但是如果我们在未来的10到20年里还不能最终探明暗物质的本质，那我会感到很惊讶。

在宇宙学的发展历史中，没有什么其他的观察和测量能像宇宙微波背景这样结出如此丰硕的成果了。这些光子为我们提供了宇宙在大爆炸后38万年时的"截图"，这就是我们手中目前掌握的有关宇宙年轻时期的最重要的信息。此外，宇宙微波背景还为我们提供了许多有关暴胀的信息——事实上，如果没有宇宙微波背景的观测结果，我们压根儿就不会想到宇宙早期发生过暴胀。我们通过研究宇宙微波背景才了解到我们的宇宙在几何上如此平直且均匀——我们正是为了解释这些特征才提出的暴胀理论。并且，最近对于这种辐射的观测结果表明，它的温度变化图样与大多数暴胀理论的预测非常吻合。这些观测结果使大多数宇宙学家开始相信，类似于暴胀的事件可能确实发生过。尽管如此，对这一事件如何发生以及如何结束，我们还几乎一无所知。

在接下来10年左右的时间里，通过进一步研究宇宙微波背景，宇宙学家一定能对暴胀有更深入的了解。新一代望远镜将以更高的灵敏度研究宇宙微波背景的特征，而这些特征将会是我们获取有关暴胀及其效应的信息的最佳途径。我们也有可能通过这些测量得到一些有关宇宙初生时期的新见解，只是难度颇高。不过这些方法显然也有局限性，很快我们就会发现：我们再也不能从宇宙微波背景中得到更多的信息了。

宇宙学的问题在于，我们只能研究这一个宇宙。我们在研究原子的运动时，可以对任意数量的原子做实验，还能一遍又一遍地重复，无限制地收集数据和信息。但是如果我们研究的是宇宙的演化，那能观察的就只有一个宇宙，我们也无法重复实验来检验宇宙在不同条件下是否会具有不同的性质。具体来说，我们的宇宙只有一个微波背景，而它包含的信息是有限的。一旦测量的精确度达到足够高的程度，就很难再通过测量获取什么信息了。到那时，我们就基本上掌握了能从宇宙背景辐射中获取到的有关宇宙及其早期历史的一切，而我们现在正在迅速地接近这个临界点。

幸运的是，我们的宇宙中还包含了大量其他形式的信息，只是我们目前还无法获取它们。宇宙微波背景形成的具体时间大约是大爆炸后38万年，而这正是宇宙中带电的原子核与电子结合成电中性的原子的时期。这些电中性的原子从此时开始向外发射一种全新的光。正是宇宙原子气体发出的这种光芒，为宇宙学家对宇宙及其初生时期的研究提供了最强大的方法。

氢原子会放射出许多不同种类的光，而宇宙学家最感兴趣的是产生于超精细跃迁的光子。当一个被束缚在氢原子之中的电子自发地改变自旋方向时，它会发出一个频率非常特殊（1.42 GHz）的光子，其对应的波长略大于21厘米。天文学家通过研究到达地球的这种特定波长的光，可以确定银河系及其周围的宇宙空间中氢的分布和温度。但是，当这些光子穿越更远的距离时，它们会因为空间的膨胀而被拉伸，即发生红移，这会导致其波长超过其产生时的21厘米。

　　宇宙学家可以通过研究每一种给定波长下的这种辐射来研究宇宙历史的不同时期。例如，10亿年前由氢发射的光子到达地球时的波长约为22.7厘米，而80亿年前发射的光子现在的波长则是43厘米。这些光子中最古老的那一批是在138亿年前宇宙微波背景形成时发射出来的，它们的波长现在已经红移到大约230米。因此，尽管宇宙微波背景辐射只能给我们提供宇宙在某一特定时间点的"截图"，但是红移后的21厘米波长的光构成的背景则向我们提供了整个宇宙138亿年历史的胶片。我们通过研究宇宙微波背景了解了暴胀很有可能发生过。接下来，我们将通过仔细地测量发射于宇宙历史上各个时期的21厘米波长的光，力图探明暴胀如何进行，又如何结束，以及如何形成了我们今天所知的这个宇宙。

　　红移后的21厘米辐射到达地球之后会给我们带来大量有关宇宙的信息——甚至比宇宙微波背景能带给我们的还要多。然而，这些信息隐藏得很深，想要观察或是提取都殊为不易。尽管天文学家自20世纪50年代起就开始研究来自银河系的21厘米光子了，但是那些远道而来、携带更多信息的宇宙信号要微弱得多，因此天文学家也更加难以对其进行测量和研究。

就在我写作本章的同时，天文学家已经开始发表第一批对所谓的"宇宙黎明"时期的红移21厘米辐射的观测结果。这一时期大约处于大爆炸后几亿年，宇宙中的第一批恒星即诞生于这一时期。我们希望能在10年内绘制出完备的辐射图像，覆盖对应着宇宙历史上从宇宙黎明至今的各种波长。但是依靠传统的望远镜无法完成这一极具挑战性的计划，因为传统的望远镜观测不到这个波长范围内的光。天文学家们将精心设计并建造规模巨大的射电天线阵列，其占地面积可达1平方千米以上。

这些努力自然是有前景的，但也面临着相当大的难题和限制。首先，这个频率范围内会有大量由人类产生的噪声。从手机通信到短波广播，这一切都会阻碍宇宙学家对这种信号进行探测和研究，就像城市的灯光阻碍了人们欣赏夜空全部的美丽一样。出于这个原因，天文学家选择在南非、加拿大以及澳大利亚内陆等偏远地区建造天线阵列。除此之外，还有一个巨大的难题是，地球的电离层会在宇宙学家最关注的频率范围内吸收很大一部分辐射。地球似乎并不是一个以这种方式研究宇宙的好地方。

但是如果不在地球上的话，又要在哪里进行研究呢？人类活动产生的无线电波从地球向四面八方辐射出去，使太阳系充满了无法抹除的静电噪声背景。就算我们把射电天线部署在人造卫星或是国际空间站上，它们同样会遇到我们在地球上遇到的问题。不过还真有这么一个地方是我们的手机信号以及其他无线电信号无法到达的。在整个太阳系内部，最安静的地方就是月球的背面。

看来，科学家最终很有可能（甚至是很有必要）选择月球作为实现抱负的地方。我们可以在月球表面部署数百万个射电天线，组成一个覆盖方圆100千米区域的阵列。这样一来，天文学家将通过这些天线最大程度地提取出有关我们这个宇宙的所有信息，包括它的历史、演化和起源。宇宙暴胀的秘密可能就在地球唯一的卫星的背面等待着我们。

然而，即便是乐观地说，在月球背面部署射电天线阵列也得是几十年之后的事情了。尽管美国国家航空航天局和欧洲空间局已经开始制订在月球表面建造大型科学设施的计划，但是目前还处于纸上谈兵的阶段。虽然事态会如何发展还很难预料，但是我觉得差不多到21世纪中叶，我们应该就能在月球上开展宇宙学研究了。

结合对红移后的21厘米辐射的测量结果以及对宇宙微波背景的测量结果，宇宙学家能了解到的有关宇宙早期历史（尤其是宇宙暴胀时期）的信息将会比我们目前了解到的多得多。这些观测不仅能够检验暴胀理论，使我们能够更加确信暴胀的存在，还将填补我们对于这一重要时期的理解中存在的很多空白。这些测量结果将会向我们揭示宇宙在暴胀时期包含了多少能量，以及这段飞速膨胀的时期是如何结束的，从而为我们提供一扇新的窗口，让我们了解宇宙历史中这一必不可少的重要时期。

到目前为止，我们这本书中几乎没有提到过暴胀前的那段时间。其原因在于，我们基本上没有掌握任何能够告诉我们暴胀前（也就是大约大爆炸后 10^{-32} 秒之前）的宇宙长什么样的观测证据或是其他数据。但即便没有观测结果做支撑，也不能说我们对这一时期一无所知。我们可以尝试在暴胀时期的结果基础上，往更高的温度和更早的时间方向回溯，从而对宇宙可能的模样进行合理的推测，即便是在宇宙最早期的时刻。

暴胀发生时，我们的宇宙中包含着的能量密度极大——毕竟，正是在这种真空能量的驱动下，空间才能以如此惊人的速率膨胀。这种能量必定是有来源的，这就意味着在暴胀开始之前，空间中被海量的粒子密集地填满了，并且这些粒子携带了巨大的能量——差不多相当于 10^{29} 摄氏度左右的温度。但是很不幸，我们无法观察和测量在如此高的温度之下物质和能量的性质，哪怕是LHC也无法产生携带能量或者对撞能量这么高的粒子。事实上，如果我们想要建造一台能够将粒子加速到这种程度的仪器，那它的尺寸得和我们的太阳系差不多大。不用我说你也知道，这个项目短期内应该是不会开工的。

不过，关于这段时期，我们也不是毫无线索。我们通过研究在能量较低的情况下起作用的物理规律，可以尝试着外推出这一早期时代可能发生的情况。例如，物理学家早就知道强力、弱力和电磁力的强度都会随温度发生变化，比如强力的强度就会随温度的升高而减弱，因此在早期的宇宙中，这种力比现在弱得多。虽然在现在的宇宙中，这三种力的强度天差地别，但我们的计算结果表明，当宇宙温度在 10^{28} 摄氏度左右时，它们的强度几乎相同。许多物理学家认为，这一结果暗示这三种力并不像它们表面上看起来这样相互独立，而是同一种统一的力的三种不同的表现形式。事实上，标准模型的许多特征都表明，这三种力以及它们能够作用的粒子都是一个更大、更完整的理论的组成部分——我们将这种理论称为大统一理论。

在某种程度上，构建大统一理论的过程和物理学家当时构建电和磁的理论是一样的。在 19 世纪之前，人们普遍认为像电流和闪电这类的现象与指南针上的指针指向固定的方向这件事之间关系不大，或是说根本没有关系。在当时的自然哲学家看来，电和磁是自然界中两种完全独立的现象。但是最终人们注意到，每当电场发生变化时都会产生磁场。现在我们知道，磁场只不过是运动中的电场。电力和磁力无法分开，也无法各自独立存在，它们是统一的电磁力的两种表现形式。如果像许多物理学家所想的那样，我们的宇宙可以用大统一理论来描述，那么强力、弱力和电磁力就会以类似的方式紧密相关。

大多数大统一理论都认为，我们的宇宙在早期膨胀和冷却的过程中曾经经历过一次很大的转变。在最早的那段时间里（这一时期对应的温度远高于 10^{28} 摄氏度），强力、弱力和电磁力还是同一种统一的力，这种力能够作用于某一类粒子，但是这类粒子的质量太大了，我们无法用任何粒子加速器制造出这种粒子。这一时期支配着这个宇宙的物理规律，与我们所知道的能够通过对撞机展开研究的物理规律完全不同。但是随着空间的膨胀和冷却，我们的宇宙经历了一次相变，从此以后这种统一的力被分解成三种看起来截然不同的力——强力、弱力和电磁力。我们顺着时间回溯得越远，所看到的宇宙就越陌生。但是随着时间的推移，空间中包含的能量形式迅速转变成我们所熟知的东西，这个宇宙忽然变得越来越像我们所生活的世界了。

大统一时期的宇宙和现在有着天壤之别。但当我们在时间上回溯得更远，回到离大爆炸更近的时候，我们会发现那个时期的宇宙和现在区别更大。在这最初的瞬间（大约是大爆炸后 10^{-43} 秒），甚至空间和时间的本质都与我们今天这个宇宙中的任何东西没有任何相似之处。这就是我们这个宇宙最奇特、最神秘的时代——量子引力时期。

　　基本上所有现代物理学理论的基石都是两个异常强大的理论——爱因斯坦的广义相对论以及描述粒子和场的量子力学。无论从什么角度来看，这两个理论都取得了引人注目的成功。一个世纪以来，物理学家以越来越高的精度检验它们，不断地探索这两个理论的极限，试图找出一些可能会使它们失效的情况和环境。不过他们使出浑身解数也没有找出它们的极限。广义相对论和量子力学在我们能够观察和研究的每一种条件下都通过了考验。可以说，这两个理论能够非常精确、详尽地描述我们的宇宙。

　　但我们知道这并不意味着我们能高枕无忧了。物理学家在很久之前就意识到，在一些极端情况下，这两个理论中总有一种会以某种方式失效，甚至两种全部失效。尽管广义相对论取得了惊人的成就，但它并不是一种量子理论，并且它与量子理论并不相容。

　　在一般情况下，爱因斯坦的理论会根据空间的几何结构（即弯曲情况），以极高的精确度预测物体在该空间中的运动。对于我们在宇宙中观察到的任意一种粒子而言，这一过程都非常简单，且效果奇佳。但是我们可以想象出这样一种粒子，它含有极高的能量，能够使其周围的空间发生强烈的扭曲。如果有两个或是更多这样的粒子相互靠近，它们扭曲空间的程度甚至足以形成一个小型黑洞，或者是以其他方式使空间的几何结构改变到无法辨认的程度。让情况变得更加复杂的是，量子粒子通常在同一时间不会只存在于同一个地点。因此，在极端的温度和密度下，我们只能将量子粒子及其周围的空间描述成同时存在的几种不同几何结构的集合，有时也称之为时空泡沫。

物理学家认为这种时空泡沫是由单独的小块（也就是量子）以某种方式组合而成的，就像其他量子场一样。我们可以用电磁力作为类比来更好地理解这个问题。在发现量子力学之前，人们认为可以用一个贯穿整个空间的连续场来描述电磁力。但是我们现在了解到，电磁场在量子层面并不是连续的，而是由大量单个粒子（即光子）组成的。与此类似，要想让引力与我们宇宙的量子本质相容，只能假设引力同样是由一种离散的量子（是一种假想中的粒子，被称为引力子）以某种方式构成的。一些物理学家甚至认为，空间和时间本身也有可能是由单个量子构成的。

空间和时间的量子特性是我们的实验和观测无法察觉到的。只有在极高的能量下（比LHC中的能量高10^{15}倍），空间和时间的几何结构才开始表现出其真正的量子性质，而在我们今天的宇宙中并不存在能量这么高的粒子。但是在大爆炸后的最初10^{-43}秒内，宇宙中是存在这样的粒子的。在量子引力时期，宇宙中的一切事物都与你想象中的不同，包括时间和空间本身也都不是我们所熟知的样子。

　　我并不希望给你留下错误的印象，让你以为量子引力是一种很容易理解的概念，它绝对不是。正因为它理解起来难度极大，所以我在这里说的有关量子引力时期的大部分内容都有可能存在一些错误，甚至大部分都是错误的。但是要讨论有关大爆炸后最初 10^{-43} 秒内的事情，我们只能依靠合理的推断和有根据的猜测。

　　物理学家已经成功地将电磁力、弱力和强力纳入量子理论。他们尝试将广义相对论描述的引力作用也纳入量子理论，但很快就遇到了一些严重的问题。在用离散引力子的集合来描述空间曲率（就像用光子的集合描述电磁场一样）的理论中，有很多计算的结果都是无穷大。用专业术语来说，这些量子引力理论是非重正化的——这清楚地表明这种理论是残缺的，在逻辑上不自洽，无法准确地描述我们的宇宙。

　　为了克服这样的问题，人们在弦论和圈量子引力等理论上投入了大量的精力。在弦论中，场不是由点状的量子粒子构成，而是由延伸开来的量子物体构成，比如弦和被称为膜的薄片。许多物理学家认为，总有一天，这样的理论能够提供重正化的、逻辑自洽的量子引力理论。但是就我们今天对弦论的理解而言，这只有在空间和时间比现在更加广阔的情况下才有可

12 触碰时间的边缘　　235

能。说来也怪，弦论似乎要求我们宇宙的时空有10个、11个或是26个维度。

乍一看，这似乎是该理论的致命缺陷。我们所处的世界显然是四维的——一个时间维度、三个空间维度，一个时间点和三个空间坐标就能唯一确定一个事件。但是物理学家想出了很多种方式，让其他的额外维度隐藏起来，因而我们无法直接观察到它们。比如，其他维度可能只是太小了，我们根本注意不到它们。想象一下在空间中有一个同时垂直于本来的三个空间维度的方向，再想象一下这个第四维空间自己卷成了很小的一圈——只需要朝这个方向移动10^{-35}米，你就能环绕整个宇宙一圈，回到起点。大多数量子粒子都太大了，无法在这个额外的维度上运动，因此这个维度对它们来说就像不存在一样。从这个角度来看，我们确实有可能生活在一个10维、11维或是26维的宇宙中，只是这些维度中的大多数都卷曲成了对我们而言小到无法察觉的环。不过，量子粒子的大小取决于它的能量——粒子的能量越高，其波长就越短。因此，能量极高的粒子也非常小——也许会小到足以在空间的所有维度中穿行。

在最早的那段时间里，填满了整个空间的粒子具有非常高的能量，因此当时它们很有可能能够在我们今天看不见的那些空间维度中自由穿梭。如此说来，我们宇宙的维度可能会随着宇宙的膨胀和冷却而逐渐减少。如果我们最后能证明弦论是理解量子引力的正确途径，那么在大爆炸后的最初10^{-43}秒内可能发生了一系列这样的转变。虽然我们的宇宙在很早的时候就变成了四维（包括时间在内）的，但是在这个被我们称为量子引力时期的短暂时间里，时间和空间的所有维度都展现了出来。

更奇怪的是，弦论的研究者发现，某些引力理论可能会与其他理论直接相关，或是可以映射到别的理论上，包括那些描述量子粒子的性质及相互作用的理论。20世纪80年代，弦论的研究者提出了5种不同的弦论：其中1个认为宇宙是26维的，另外4个则认为时间和空间一共有10个维度。他们认为（至少是希望）能够用于描述我们这个宇宙的理论最终会是这5种理论中的一种，但不确定是哪一种。可是他们在20世纪90年代初做出的发现让所有相关研究者都感到惊讶。这5种弦论都是同一个11维理论的一部分。这些理论中的每一个都可以通过一定量的数学运算转换成其他任意一个。换句话说，尽管这些理论表面上看起来各不相同，但是它们却隐隐之中描述了同一种现象。

这种认识对空间和时间的本质有着巨大的影响。毕竟，如果10维理论和26维理论描述的是同一种现象，那么我们应该把时空看作是10维的还是26维的呢？在量子引力时期，这个问题可能并没有一个简单的答案。在这一最为奇特的时期，即便是空间或时间的维度，其意义也可能是模糊的。也许就算到了我们最终理解量子引力的那一天，我们可能也仍然不知道我们的宇宙在最初的瞬间究竟是10维的还是26维的。从某种意义上说，我们甚至有可能会发现这两种情况同时存在。

在过去的一个世纪中，科学家已经解决了许多极其令人困惑的问题，这非常了不起。从原子的内部结构和DNA的真面目到恒星的演化和光的本质，科学的进步已经超出了所有人的预期。如此看来，我们可以合理地设想，本书中探讨的大多数问题都将在未来的几年或几十年得到解答。以史为鉴，我们可以发现，科学上哪怕再困难的挑战，我们最终也能找到解决的办法。

但是这一切会有尽头吗？在我们解决一些科学问题的同时，经常又会有新的问题出现。纵观人类历史，我们已经找到了许多强有力的方法来认识我们的世界，并且这种进展几乎一定会在未来继续下去。但是在几百年、几千年甚至几百万年之后，还会不会存在没有答案的问题呢？我们会有一天到达科学的终点吗？

就我个人而言，我觉得任何人（其实用"任何文明"更为贴切）都无法真正结束这一宏大的课题。首先，对于宇宙结构的理解层次的深入可能会永远持续下去。一个世纪之前，爱因斯坦提出引力是一种与空间和时间的几何结构相关的现象，从而取代了牛顿力学的引力观。我希望将来会有一天，我们能发现一种更强大的方法来思考空间和时间，这就是量子引力理论，它将会取代广义相对论。也许这种进步会一直持续下去，没有尽头——一种理论取代另一种理论，永无止境，每一种新的理论都会为我们提供这个世界更深入、更完整的图景，但我们永远都找不到那个最终的理论。

另外，如果有一天我们发现了一个理论，这个理论的预测能够与所有已知的现象完美契合，并且能够回答我们问出来的所有关于宇宙的问题，会怎么样呢？虽然我们有可能会将其称为最终理论，但是我们无法确定这一点。即便是有一个理论能够准确地描述迄今为止所有的观测结果，你也仍然会在心中保留一个小小的疑问：会不会明天就出现一个与这一理论不一致的观测结果呢？如此看来，科学的任务永远不会有真正的结束，总会有新的未知在前方等着我们。

但是，无论是在现在还是将来，似乎有一些问题是科学永远无法回答的。其中有一些是很大的问题，是任何时代和文化背景下的人都曾以某种形式问过自己的问题。在所有这类问题中，可能被最多的人提起过最多次的问题就是："一切事物究竟因何而存在？"

乍一看，这似乎是一个很适合宇宙学回答的问题，毕竟宇宙学家研究的是宇宙如何起源。而"如何"的问题和"为什么"的问题有着本质上的区别。大家可能都遇到过这样的孩子，他就像是一个行走着的"十万个为什么"，如果你知识渊博且运气不错，那么也许还能应付得了一开始的几个问题。但是不久之后，你可能就只能回答出这样的话："没有为什么，它本来就是这样的。"

有关我们这个世界因何而存在的问题同样如此，可能真的就是"没有为什么，世界本来就是这样的"——哲学家将这种回答称为原始事实。这样的陈述无法用更基本的东西来解释，它本身就是对的。

当谈论到一切因何而存在的时候，一些物理学家认为，现实世界的量子本质为这个问题提供了一些线索。毕竟，量子物理学已经发现，物体可以自发地产生（尽管通常只能存在很短的一段时间），而即使是最小最小的一块空间也能通过暴胀膨胀成为一个完整的宇宙。也许我们的宇宙本身就是这样形成的。

但是在我看来，这样的解释并没有真正地解决眼下的问题。我可以像一个好奇的孩子一样，继续对这样的解释提出问题："为什么？"现实世界的量子本质也许能够解释空间及其所包含的能量和物质是如何形成的，但是现实世界的量子本质又是怎么来的？现实世界为什么会这样呢？虽然暴胀真的可以从几乎空无一物的状态中创造出整个宇宙，但是从真正的虚无中创造出事物仍然超出了我们的理解能力。对我来说，这些解释并没有让我们离答案更近一步。

不过，这些答案肯定比历史上任何一个哲学家和神学家提出的好得多了。亚里士多德的结论是，如果要让我们的宇宙动起来，那么就需要一个"原动力"；而神学家长期以来一直认为，我们宇宙的存在只能用上帝的举动来解释。但是这些解释就像我们刚刚提到的量子过程一样，空洞无力，无法让我们更接近面前这个问题的答案。无论是依靠上帝还是依靠量子力学的定律，我们都无法逃避更进一步的"为什么"。你可以把刚刚说的那个原始事实随意地向前推动，但是每一串"为什么"最终都得用一个"因为"来回答。

在思考宇宙学的发展现状时，我会不由自主地在两种截然相反的观点之间来回切换。一方面我看到，科学探索取得了惊人的成功。对这个宇宙进行观测的结果清楚地表明，宇宙起源于一个被称为大爆炸的炽热而稠密的状态中，在过去的100多亿年里一直在膨胀。在过去的几十年里，我们用了许多新的精确测量方法仔细检验并完善了这个理论，它们帮助我们更加细致地重建了整个宇宙的历史。我们得到了许多不同种类的测量结果，比如宇宙的膨胀速率、宇宙微波背景的温度图样、各种化学元素的丰度以及星系和其他大尺度结构的分布等。当我们将这些不同的测量结果放在一起进行比较时，我们会发现它们具有惊人的一致性。这些证据中的每一条都支撑着这样的结论：宇宙膨胀和演化的方式与大爆炸理论的预测完全相符。从这个角度来说，我们的宇宙似乎是非常容易理解的。

另一方面，我们不难发现，宇宙学家在理解宇宙的一些重要方面的过程中遭遇重挫，甚至可以说是彻头彻尾的失败。我们对暗物质和暗能量几乎一无所知，而它们在目前宇宙中存在的总能量中占95%以上。对于现在存在于我们这个世界中的原子是如何在早期宇宙的高温中幸存下来的，以及宇宙的暴胀时期是如何结束的这样的问题，我们只能猜测。这些谜团中的每一个都引人入胜，而真正吸引我的是，它们似乎都与大爆炸之后最初的时刻有关。从这个意义上说，我们无法探测到暗物质粒子以及原子存在于现在的世界中这样的事实，无一不向我们表明，宇宙历史的最初阶段可能还有一些我们至今一无所知的事件、相互作用以及物质和能量形式。同样发生于这些最早的时间里的宇宙暴胀也带来了很多悬而未决的问题。这些问题是我们这个宇宙中最大的谜团，而所有迹象都表明，它们的答案就在大爆炸之后的第一个瞬间。

一些科学家之前将这些谜团视作细枝末节的小问题，他们觉得通过进一步的调查和研究就能将其解决。但是现在事实表明，这些问题其实都相当棘手。我们按照自己的设想设计了很多实验，建造了很多仪器，觉得以它们的灵敏度足以探测到暗物质粒子，但是最终无功而返。LHC也没能发现任何可以让我们解开这些宇宙奥秘的东西。另外，尽管我们已经越来越精确地测量了宇宙膨胀的历史以及宇宙中的大尺度结构，但是我们并没能够更加深入地理解暗能量的本质。

正是从这个角度出发，我不得不猜测，这些宇宙奥秘有可能是一个范围更大、更重要的问题中的几个方面，而不是一些零零散散的小问题。也许这些谜团并不像表面看起来那样毫无关联，而是共同指向了一幅与我们现有认知截然不同的有关早期宇宙的图景。就我们对宇宙起源的理解而言，我时常会想：会不会有一场革命即将到来？

科学革命往往是出人意料的，而且一开始除了少数人之外几乎没有人能注意到它。我们可以回想一下1904年的局面。那个时候人们认为，物理学的基础前所未有地坚实。以当时的眼光来看，两个多世纪以来，物理学家运用牛顿的运动定律和万有引力定律成功地解决了一个又一个问题。尽管19世纪的科学进步将我们的知识拓展到了诸如电、磁、热等领域，但这些新知识其实与牛顿在几百年前所描述的并没有太大的区别。对1904年的物理学家来说，这个世界似乎没有什么无法理解的问题了，几乎没有发生科学革命的可能。

但是，与今天的宇宙学家面临的情况类似的是，1904年的物理学家同样有一些问题尚未解决。他们对光速进行了测量，发现它竟然始终如一——无论是在什么时间，朝着什么方向，光总是会以相同的速度在空间中穿行。长期以来，物理学家一直认为光是通过扭曲某种介质在空间中传播的，他们将这种介质称为"光以太"。但是光速的不变性以及缺乏这种介质存在的直接证据使得光以太的概念开始受到挑战。物理学家很难理解为什么他们无法探测到以太的存在，但是如果以太不存在，他们又没有什么令人信服的办法来解释光的性质。

困扰着那时的物理学家的还有水星运动的观测结果。自从几十年前开始，天文学家就已经意识到水星的轨道与牛顿方程所预测的结果不太一样。有些人甚至提出，这有可能是因为存在一颗名为"祝融星"的未知行星扰乱了水星的轨道。但是他们付出了巨大的努力，最终也没能发现这颗所谓的祝融星。

而1904年的物理学家面临的最突出的一个问题是，他们不知道太阳的能源从何而来。太阳在如此长的时间里产生如此多的阳光，但当时已知的所有化学和机械过程都无法解释这么多的能量是怎么来的。在他们看来，太阳应该早就熄灭了。

最后，对于1904年的物理学家来说，原子内部的机制仍然完完全全是一个谜。各种化学元素都具有特征发射和吸收光谱，但物理学家不知道其背后的原因。甚至原子为何如此稳定的问题，也很难从牛顿物理学的角度来理解。

　　虽然当时很少有人预见到这一点，但我们在事后很容易就会意识到，这些问题预示着一场物理学革命的到来。1905年，年轻的爱因斯坦带着他新鲜出炉的相对论横空出世，引发了这场革命。我们现在知道，光以太并不存在，祝融星也不存在。这些不存在的事物正预示着牛顿物理学的失效。相对论根本不需要什么新的行星或其他物质的存在，就能够完美地解开上述每一个谜团。此外，将相对论和新诞生的量子力学结合以后，我们就可以解释太阳的寿命，以及原子的内部机制。这些新理论甚至为一些新的、之前无法想象的探索方向打开了一扇大门，其中就包括宇宙学本身。

　　科学革命能够深刻地改变我们看待和理解这个世界的方式，但是这种惊天巨变从来都很难预见。也许我们无法判断宇宙学家今天所面临的谜团到底是一场即将到来的科学革命的征兆，还是一段极为成功的科学探索旅程最后仅剩的若干待解决问题。但不可否认的是，我们对大爆炸之后第一个瞬间发生的所有事情都深感困惑。我毫不怀疑这些最早的时刻蕴含着不可思议的秘密，但是我们的宇宙却对此守口如瓶。我们还要付出很多努力，争取从宇宙的口中套出话来，把这些谜团变成新的发现。

致 谢

　　我要感谢所有对这本书提出了宝贵意见的人，尤其是丹尼尔·怀特森、克里斯·韦尔、贝姬·胡珀以及安迪·马雷斯卡。我还要感谢我的编辑杰西卡·姚，她不厌其烦地提出各种建议（哪怕在我不想听的时候），如果没有她的帮助，这本书的质量将会大打折扣。

章前引文来源

第1章 摘自《阿尔伯特·爱因斯坦文集》第5卷,《瑞士年代:通信,1902—1914》。版权所有©耶路撒冷希伯来大学,1995年。经普林斯顿大学出版社授权引用。

第2章 摘自《我的信仰》,《论坛和世纪》84卷(1930年)193—194页,收录于《爱因斯坦语录》,由艾丽斯·卡拉普赖斯收集和编辑。版权所有©普林斯顿大学出版社和耶路撒冷希伯来大学,2011年。经授权引用。

第3章 摘自《宇宙:关于我们对宇宙结构的了解的发展历程的六次讲座课程》,由威廉·德西特于1931年11月在波士顿洛厄尔研究所讲授,哈佛大学出版社,1932年出版。经作者授权引用。

第4章 经马丁·里斯爵士授权引用。

第5章　经约翰·埃利斯授权引用。

第6章　摘自《发现的乐趣：费曼演讲、访谈集》，由杰弗里·罗宾斯编辑。版权所有©米歇尔·费曼和卡尔·费曼。经阿歇特图书集团和英国企鹅兰登书屋授权引用。

第7章　摘自《宇宙探索》第七版，西奥·科佩利斯著。版权所有©琼斯与巴特莱特教育有限责任公司，经授权引用。

第9章　摘自《物理定律的本性》，理查德·费曼著。版权所有©理查德·费曼，1965年。经麻省理工学院出版社授权引用。

第11章　摘自《超越时空：通过平行宇宙、时间卷曲和第十维度的科学之旅》，加来道雄著。版权所有©牛津大学出版社，1994年。经授权引用。

第12章　引自2012年8月29日史蒂芬·霍金在伦敦残奥会开幕式上的演讲。